Farbatlas
Gehölzkrankheiten

Heinz Butin
Franz Nienhaus
Bernd Böhmer

Farbatlas Gehölzkrankheiten

Ziersträucher und Parkbäume

Dritte, erweiterte Auflage
520 Farbfotos

E.U.
VERLAG
EUGEN
ULMER

Prof. Dr. Heinz Butin
Ehem. Leiter des Instituts für Pflanzenschutz im Forst, Biologische Bundesanstalt für Land- und Forstwirtschaft, Braunschweig

Prof. Dr. Franz Nienhaus
Ehem. Leiter der Abteilung Virologie, Institut für Pflanzenkrankheiten, Universität Bonn

Dr. Bernd Böhmer
Leiter des Pflanzenschutzamtes der Landwirtschaftskammer Rheinland, Bonn

Umschlagfotos:
Unten: Minierfraß an Weißblühender Rosskastanie durch Rosskastanien-Miniermotte *(Cameraria ohridella), Aufnahme:* Prof. Dr. Heinz Butin, Wolfenbüttel
Oben rechts: Sparriger Schüppling (*Pholiota squarrosa*), Rolf Kehr, Braunschweig
Oben Mitte: Ahorneule (*Acronicta aceris*), Alfred Wulf, Braunschweig
Oben links: Buchenblattlaus (*Phyllaphis fagi*), Heinz Butin, Wolfenbüttel
Seite 2: Gallbildung (»Schlafäpfel«) an *Rosa canina* durch Rosengallwespe *(Diplolepis rosae), Aufnahme:* W. O. Schröder, Bonn
Umschlagrückseite: Blattvergilbung durch Eisen-/Mangan-Mangel an Robinienblatt, Heinz Butin, Wolfenbüttel

Bibliografische Information der Deutschen Bibliothek
Die Deutsche Bibliothek verzeichnet diese Publikation in der Deutschen Nationalbibliografie; detaillierte bibliografische Daten sind im Internet über **http://dnb.ddb.de** abrufbar.

ISBN 3-8001-3874-3

Wollgrasweg 41, 70599 Stuttgart (Hohenheim)
Internet: www.ulmer.de
Printed in Germany
Lektorat: W. Baumeister
Herstellung: Thomas Eisele
Satz: Typomedia GmbH, Ostfildern
Umbruch: Verlagsbüro Högerle, Horb
Druck: Georg Appl, Wemding
Bindung: Monheim, Monheim

Inhaltsverzeichnis

Einleitung zur Dritten Auflage

Mit dem erstmals 1992 erschienenen »Farbatlas Gehölzkrankheiten« ist seinerzeit ein Buch vorgelegt worden, das zur Bestimmung von Krankheiten an Ziergehölzen in Gärten und Parkanlagen konzipiert worden war. Die Grundlagen dazu bildeten zahlreiche farbige Abbildungen von Krankheitssymptomen und Beschädigungen an insgesamt 59 Gehölzgattungen, verursacht durch Pilze, Bakterien, Viren, tierische Schädlinge sowie abiotische Faktoren.

Nachdem 1996 die zweite Auflage des Buches mit geringfügigen Änderungen und Textergänzungen erschienen ist, konnte in der nun vorliegenden dritten Auflage eine erhebliche Erweiterung in der Zahl der Abbildungen vorgenommen werden. Auch ergab sich hierbei die Möglichkeit, den Inhalt des Buches zu aktualisieren, d.h. neue oder häufiger aufgetretene Krankheiten bzw. Schädlinge zusätzlich aufzunehmen sowie die wissenschaftlichen Namen auf den neuesten Stand zu bringen. Verwendet wurden dazu die Werke von ALFORD (1997), BRANDENBURGER (1985), BRAUN (1995), BUHR (1964/65), BUTIN (1996), KLEINHEMPEL, NAUMANN und SPAAR (1989), SCHMIDT (1970) und STRESEMANN (2000). Bezüglich der Schreibweise von Pflanzennamen haben wir uns nach ZANDER (2000) gerichtet. In der Auswahl der Abbildungen ist besonderer Wert auf die Wiedergabe von Lupenbildern gelegt worden, um so die Diagnose einer Erkrankung oder eines Schadens noch besser abzusichern. Auch sind einige mikroskopische Abbildungen in Einzelbeispielen aufgenommen worden. Zum besseren Verständnis einiger Fachbegriffe und Krankheitsbezeichnungen wurde ein neues Kapitel aufgenommen, das dem Leser das Erkennen und die Ansprache von Schadsymptomen erleichtern soll. Mit einem detaillierteren Register können jetzt auch einzelne Krankheitserreger oder Schädlinge auf der Basis von Arten schneller aufgefunden werden. – Die vorgenommene Erweiterung konnte sowohl durch eine Erhöhung der Seitenzahl als auch durch Straffung des Textes erreicht werden. Damit wurde den Anregungen zahlreicher Leser und Kritiker entsprochen, denen wir für ihre Hinweise an dieser Stelle danken möchten.

Bezüglich der Abbildungstexte haben wir uns auch in der Dritten Auflage an das bisherige, bewährte Einteilungsprinzip gehalten: So werden in den Legenden die wichtigsten Erkennungmerkmale **(EM)** der Schädigung bzw. des Schädlings angegeben. Weiterhin wird auf Verwechslungsmöglichkeiten **(VM)** aufmerksam gemacht, mit Hinweisen auf entsprechende, im gleichen Buch zu findende Abbildungen. Unter Bekämpfung **(BK)** werden schließlich Angaben zum Pflanzenschutz gemacht, wobei – sofern erforderlich – sowohl vorbeugende als auch direkte, mechanische, physikalische oder auch chemische Pflanzenschutzmaßnahmen genannt werden.

Nicht alle in den Übersichten zusammengestellten Symptome konnten in diesem Buch mit Abbildungen belegt werden. Um in solchen Fällen weiterzuhelfen, wird – wo die Möglichkeit gegeben ist – auf Abbildungen im »Farbatlas Waldschäden« **(FAW)** von HARTMANN, NIENHAUS und BUTIN (1995) verwiesen. Wo zur Bestimmung mikroskopische Merkmale erforderlich sind **(Mikro)**, wird empfohlen, Fachleute zu befragen oder selbst die zur Diagnose notwendigen mikroskopischen Merkmale zu erarbeiten. Eine Auswahl der hierzu erforderlichen Fachbücher findet sich im Kapitel »Literatur«. In kritischen Fällen kann eine Beratung vom amtlichen Pflanzenschutzdienst **(PSD)** oder von entsprechenden einschlägigen Institutionen durchgeführt werden.

Auch bei der Neubearbeitung der vorliegenden Auflage haben wir wieder mit der Unterstützung von Kollegen rechnen können, denen wir an dieser Stelle herzlich danken möchten. Ihre Namen sind im Kapitel »Bildquellen« aufgeführt. Besonderen Dank schulden wir Herrn Dr. R. Kehr für die Herstellung mikroskopischer Aufnahmen sowie den Herren K.-H. Berendes und Dr. U. Meier für Beratungen bezüglich Pflanzenschutzmaßnahmen (Biologische Bundesanstalt für Land- und Forstwirtschaft, Braunschweig). Danken möchten wir weiterhin Frau Dr. Bärbel Schöber-Butin für umfangreiche Schreibarbeiten. Dem Verlag Eugen Ulmer sind wir wiederum für sein Entgegenkommen und seine Mühen bei der Gestaltung des Buches zu Dank verpflichtet.

Im Herbst 2002 – Die Autoren

Hinweise zur Verhütung von Schäden und Bekämpfung von Schaderregern

Unsere Gehölze sind in vielfacher Hinsicht von Umweltfaktoren abhängig, die teils ihr Wachstum überhaupt erst ermöglichen, teils aber auch ihre Entwicklung negativ beeinflussen. Zu dieser letzten Gruppe gehören parasitische Pilze, Bakterien, Viren sowie tierische Schädlinge; auch können abiotische Faktoren oder Erscheinungen wie Frost, Trockenheit oder ungünstige Bodenverhältnisse den Gesundheitszustand von Gehölzen beeinträchtigen.

Um derartige Schäden zu begrenzen oder ihr Auftreten ganz zu verhüten, sind verschiedene vorbeugende und bekämpfende Verfahren bekannt, die man heute unter dem Begriff des **Integrierten Pflanzenschutzes** zusammenfasst. Nach dem Pflanzenschutzgesetz versteht man darunter »die Kombination von Verfahren, bei denen unter vorrangiger Berücksichtigung biologischer, biotechnischer, pflanzenzüchterischer sowie anbau- und kulturtechnischer Maßnahmen die Anwendung chemischer Pflanzenschutzmittel auf das notwendige Maß beschränkt wird«.

Eine wichtige Vorraussetzung für eine gesunde Pflanzenentwicklung ist zunächst die **optimale Gestaltung des Standortes**, wobei hier dem Bodenzustand besondere Beachtung geschenkt werden muss. Bei verdichteten Böden ist z.B. eine tiefgründige Lockerung angeraten. Nährstoffmangelerscheinungen sind durch Zufuhr entsprechender Spurenelemente oder Düngemittel auszugleichen. Schließlich sollte man beachten, dass kalkfeindliche Pflanzen (z.B. Rhododendron) auf Böden mit hohen pH-Werten nur kümmerlich gedeihen.

Zu den vorbeugenden Pflanzenschutzmaßnahmen gehört auch die richtige **Auswahl der Gehölze**, denn von vielen Kulturpflanzen kennen wir heute ihre Standortansprüche sowie ihre Resistenzeigenschaften gegenüber bestimmten Krankheitserregern. Wo z.B. mit Sternrußtau an Rosen zu rechnen ist, sollten Sorten mit größerer Widerstandsfähigkeit bevorzugt werden.

Eine wohlüberlegte **Pflanzung** kann dazu beitragen, spätere Schäden von vornherein zu vermeiden. So führt eine zu dichte Bepflanzung zur Schwächung und damit zur erhöhten Anfälligkeit. In besonderer Weise gilt dies für Schadorganismen, die zwei systematisch unterschiedliche Wirtspflanzen für ihren Entwicklungszyklus benötigen, z.B. Rostpilze.

Zum unmittelbaren **Fernhalten von Schaderregern** gehören zunächst eine regelmäßige Garten- und Gehölzpflege sowie hygienische Maßnahmen bei der Beseitigung von infektiösem Material. Um die Ausbreitung von Viren einzuschränken, dürfen erkrankte Pflanzen nicht zur vegetativen Vermehrung (Pfropfung, Stecklinge) verwendet werden. Wo die Gefahr einer Infektion durch offene Wunden oder Verletzungen besteht, kann bei Bäumen der Einsatz von Wundverschlussmitteln vorübergehend Schutz bieten.

Hat der Schaderreger einmal die Pflanze erreicht, können **mechanische Verfahren** zur Minderung größerer Schäden beitragen. So lohnt sich oft schon das Entfernen befallener Blätter oder das Ausschneiden erkrankter Triebe und Äste. Auch kann durch Absammeln von Schädlingen vor allem im Raupen- oder Larvenstadium einer Massenvermehrung vorgebeugt werden. Einen Teil dieser Arbeit übernehmen hier Singvögel. Sie verdienen eine Förderung durch Schaffung günstiger Nistmöglichkeiten. In gleicher Weise sind die zahlreichen Nützlinge, wie z. B. die Larven des Marienkäfers als natürliche, wirkungsvolle Feinde von Schädlingen zu bewerten.

Unter dem Begriff der **Biologischen Schädlingsbekämpfung** versteht man die gezielte Verwendung von Lebewesen (Antagonisten) zur Populationsbegrenzung schädlicher Tiere und Pflanzen. Bei Gehölzen lassen sich z.B. insektenparasitäre Nematoden als natürliche Feinde gegen die im Boden lebenden Larven des Dickmaulrüsslers einsetzen. Die gleiche Wirkung kann mit insektenpathogenen Pilzen *(Metarhizium, Beauveria)* erreicht werden. – Spezielle Angaben darüber finden sich in den Web-Seiten der BBA **(www.bba.de/inst/bi/nuetzl.htm)**, denen auch die Bezugsquellen der Antagonisten entnommen werden können.

Zum Einsatz eines **chemischen Pflanzenschutzmittels** stehen dem Anwender verschiedene Präparate für den Haus- und Kleingartenbereich zur Verfügung, die sich sowohl auf bestimmte Anwendungsgebiete (Schadorganismus, Pflanze) als auch auf verschiedene Formulierungen (Spritzmittel, Stäubemittel, Streugranulate, Zäpfchen sowie Sprühdosen) beziehen. Hierbei ist zu beachten, dass Pflanzenschutzmittel nur bei einer bestimmungsgemäßen und sachgerechten Anwendung hinreichend wirksam sind. Vor Anwendung eines Mittels ist daher die Gebrauchsanweisung genau durchzulesen. Werden die dort aufgeführten Hinweise und Kennzeichnungen nicht beachtet, können schädliche Auswirkungen auf die Gesundheit von Mensch und Tier sowie auf den Naturhaushalt nicht ausgeschlossen werden. Auskünfte über geeignete Pflanzenschutzmittel erteilen alle Pflanzenschutzdienste der Länder, die in Einzelfällen auch Beratungen durchführen. Über den aktuellen Stand der zugelassenen Pflanzenschutzmittel informieren die Web-Seiten der Biologischen Bundesanstalt für Land- und Forstwirtschaft **(www.bba.de)**. Nicht zuletzt werden Auskünfte auch vom Gartenfachhandel erteilt.

Erklärung von Fachbegriffen

Äcidien: meist lebhaft gefärbte, becherförmige Sporenlager der Rostpilze mit zweikernigen Sporen (Äcidiosporen)
Adulte: erwachsene, geschlechtsreife Individuen
Apothecien: schüsselförmige Fruchtkörper der Schlauchpilze (Ascomyceten)
Asci: schlauch- oder sackförmige Zellen, in denen Ascosporen gebildet werden
Ascomyceten: Schlauchpilze; sporenbildende Schicht mit schlauch- oder sackförmigen Sporenbehältern (Asci), in denen geschlechtliche Sporen (Ascosporen) entstehen
Basidiomyceten: Ständerpilze; sporenbildende Schicht mit Ständerzellen (Basidien), an deren Oberfläche geschlechtliche Sporen (Basidiosporen) gebildet werden
Bleiglanz: silbrige Blatt- oder Nadelverfärbung durch Epidermisablösung und Lufteinlagerung, ausgelöst durch Pilze oder abiotische Faktoren
Braunfäule: Holzzersetzung und -verfärbung durch Pilze, die aus verholzten Zellwänden nur die Zellulose abbauen; brauner, spröder, querrissiger Rückstand
Chlorose: gelbliche bis grünweißliche Verfärbung von Blättern oder Nadeln durch Chlorophyllabbau oder verminderte Chlorophyllbildung
Endophyten: Mikroorganismen, meist Pilze, die in gesundem pflanzlichem Gewebe zunächst symptomlos, möglicherweise symbiontisch leben, unter bestimmten Bedingungen jedoch schwach parasitisch werden und dann zur Entstehung von Krankheitssymptomen beitragen
Epiphyten: auf der Oberfläche höherer Pflanzen autotroph bzw. saprophytisch lebende Pflanzen oder Mikroorganismen
Fäule: bei unverholztem Gewebe unscharf begrenzte (nekrotische) oder diffuse Verbräunung nach Auflösung der Mittellamellen durch Mikroorganismen
Fensterfraß: Fraß nur auf einer Blattseite, wobei die gegenüberliegende Epidermis als durchsichtige Zellschicht erhalten bleibt
Frosttrocknis: winterlicher Austrocknungsschaden (Verbräunen und Absterben), besonders von jungen Koniferennadeln und Trieben bei anhaltend tiefen Temperaturen und gleichzeitig starker Wind- und Sonnenexposition
Gallen: durch Pilze, Bakterien oder tierische Organismen verursachte, gesteuerte, spezifische Gewebewucherungen an Blättern, Knospen, Blüten, Früchten oder Wurzeln
Gummose: Gummifluss; Ausscheidung farbloser bis rotbrauner, gummiartiger, an der Luft erhärtender Substanzen aus der Rinde von Laubbaumarten
Hauptfruchtform: Pilzfruchtkörper mit geschlechtlich entstandenen Sporen (Gegenteil: Nebenfruchtform)
Hexenbesen: Wuchsanomalien aus besenartigen, dicht stehenden, verkürzten Trieben mit kleineren Blättern oder Nadeln durch vorzeitigen Austrieb von Seitenknospen
Hyphen: fadenförmige, meist durch Querwände in Zellen geteilte Elemente des Vegetationskörpers von Pilzen (vgl. Myzel)
Imagines: fertige, geschlechtsreife Insekten
Infektion: Eindringen eines Parasiten in einen Wirt mit Beginn eines stabilen, irreversiblen Verhältnisses
Interkostalfelder: Flächen der Blattspreite zwischen größeren Blattadern

Kleistothecien: allseitig geschlossener Fruchtkörper der Schlauchpilze
Konidien: ein- oder mehrzelliges, ungeschlechtlich entstandenes Verbreitungsorgan der Pilze (Sporen)
Krebs/Krebswunde: mehrjährige, meist nicht ausheilende, durch Pilze oder Bakterien verursachte Holz- und Rindenerkrankung mit periodischen Überwallungsreaktionen
Minierfraß: Fraß im Gewebeinnern zwischen oberer und unterer Blattepidermis, wobei schmale Gangminen oder Platzminen entstehen
Mosaik: meist durch Viren hervorgerufene Verfärbung auf Blättern durch gleichzeitiges Auftreten gelblich-weißer sowie hell- und dunkelgrüner Gewebepartien
Myzel: Gesamtheit der Hyphen (s. dort)
Nebenfruchtform: auch Konidienform: Fruchtkörper oder Fruktifikation von Pilzen mit ungeschlechtlich entstandenen Sporen (Gegenteil: Hauptfruchtform)
Nekrose: meist scharf begrenzte Verbräunung von Pflanzengewebe durch Absterben von Zellplasma unter weitgehender Erhaltung der Zellwände
Panaschüre: genetisch bedingte, fleckige oder gleichmäßige, gelbliche bis weißliche Verfärbung (Buntblättrigkeit) von Blattorganen auf Grund unterschiedlicher Verteilung von Chlorophyll
Parthenogenese: Entstehung von Nachkommen aus unbefruchteten Eiern
Perithecien: kugel- oder flaschenförmige, oft mit einer apikalen Öffnung versehene Fruchtkörper der Ascomyceten
Phytoplasmen: Mikroorganismen ohne Zellwand, mit veränderlicher Zellform; Krankheitserreger im Leitungsgewebe von Pflanzen (=MLO)
polyphag: Fähigkeit von Organismen, insbesondere von Krankheitserregern oder tierischen Schädlingen, zahlreiche Wirte aus verschiedenen Gattungen zu parasitieren bzw. zu befallen
Pyknidien: kugeliger, ungeschlechtlich entstandener Fruchtkörpertyp mit Konidien
Rhizomorphen: bündelartige, mehrere Millimeter dicke, braune Myzelstränge von Pilzen, die dem Wassertransport und der Infektion dienen
Rindenbrand: scharfrandig begrenzte Rindennekrose, die i.d.R. nach einer Vegetationsperiode vom gesunden Gewebe abgeriegelt und überwallt wird
Ringfleckigkeit: verschiedenfarbige, ringförmige Linienmuster auf Blättern; typisch für bestimmte Virusinfektionen
Saprophyten: von totem, organischem Material lebende Mikroorganismen
Schorf: olivgrüne bis braunschwarze Blattfleckung mit diffusem Rand oder rissige Läsionen an Trieben oder Früchten
Schwächeparasiten: Organismen, die nur an kränkelnden und in ihrer Widerstandskraft beeinträchtigten Wirten Fuß fassen können
Seneszenz: Alterung von Organismen oder einzelnen Organen, z.B. Nadeln oder Blättern; natürlicher, teils hormonal gesteuerter Vorgang, der durch belastende Umwelteinflüsse beschleunigt werden kann
Skelettierfraß: Fraß an Blättern durch Insekten, wobei stärkere Blattadern zurückbleiben
Sklerotien: Überdauerungsorgane, bestehend aus kompakten dauerhaften Zellen
Sprenkelung: kleinfleckige Nadel- oder Blattverfärbung durch Insekten, Milben, Pilzinfektionen oder Einwirkung abiotischer Faktoren
Stockfäule: auf Wurzelanlauf und Stammbasis (Wurzelstock) beschränkte, meist von der Wurzel ausgehende Holzfäule
Teleutolager: Sporenlager der Rostpilze mit Teleutosporen (Wintersporen)
Tumor: selbständige Gewebewucherung mit ungeordnetem, ungehemmtem

Wachstum nach Wundreiz durch Viren oder Bakterien
Uredolager: Sporenlager von Rostpilzen mit Uredosporen (Sommersporen)
Verbänderung: bandartige Verbreiterung von Trieben durch genetisch bedingte Wachstumsänderung
Verbräunung: Absterben (Nekrose, Fäule) von Gewebe mit einhergehender Braunfärbung
Weißfäule: Holzzersetzung und -verfärbung durch Pilze, die aus verholzten Zellwänden vorwiegend Lignin, teilweise auch Zellulose abbauen
Welke: reversible oder irreversible Erschlaffung von Pflanzengewebe durch Wasserverlust oder Toxineinwirkung
Wirtswechsel: obligater Übergang von Rostpilzen oder Blattläusen von einer Wirtspflanze auf eine nicht nahe verwandte Art, verbunden mit der Ausbildung verschiedener Sporenformen bzw. Insektenstadien
Wundleiste: durch wiederholtes Aufreißen und Überwallen von Rindenrissen (»Frostrissen«) entstandenes Überwallungsgewebe

Abies (Tanne)

• **an Knospen, Nadeln**
- Nadelverfärbung des jüngsten Jahrgangs durch Frosttrocknis: Abb. 1
- Nadelverbräunung durch chloridhaltige Auftausalze: vgl. Abb. 308
- weißliche Verfärbung junger Nadeln durch Herbizideinwirkung: Abb. 3
- Nadelvergilbung älterer Nadeln durch Magnesium-Mangel: Abb. FAW
- bräunliche Verfärbung von Nadelspitzen durch Kalium-Mangel: Abb. FAW
- bräunliche Nadelfleckung durch Pilzinfektion (*Kabatina abietis*): Abb. 2
- Verfärbung und Deformation jüngster Nadeln mit röhrenförmigen Sporenbehältern durch Rostpilzinfektion (Tannennadelrost: *Pucciniastrum epilobii*); Weidenröschen als Wechselwirt: Abb. FAW
- gleichmäßige Verfärbung einzelner, myzelumsponnener Nadeln verschieden alter Triebe durch Pilzinfektion (*Herpotrichia parasitica*): Abb. 4
- Saugschäden durch Trieb- und Rindenläuse (*Adelges nordmannianae*, *Mindarus abietinus*, *Cinara confinis*): Abb. 5, 6, 7
- Nadelverbräunung und Nadelfall, Milben mit Spinnfäden (Lupe) durch Nadelholzspinnmilbe (*Oligonychus ununguis*): vgl. Abb. 158
- Minierfraß, Nadelverbräunung und Nadelverlust durch Tannennadelmotte (*Argyresthia fundella*): Abb. FAW

• **an Trieben**
- Welke und Nadelverfärbung an Maitrieben durch Spätfrost: vgl. Abb. 153
- Triebsterben durch Grauschimmelinfektion (*Botrytis cinerea*): Abb. FAW
- Triebanschwellung, Triebsterben mit Nadelbräune durch Gefährliche Weißtannenlaus (*Adelges nordmannianae*): Abb. 5

• **an Ästen, am Stamm**
- Gipfelsterben an jungen Bäumen, Aststerben durch Rindennekrosen nach Pilzinfektion (*Phacidium coniferarum*): Abb. FAW
- Saugschäden durch Rindenläuse (z. B. *Cinara confinis*): Abb. 7
- »Weißwerden« von Stämmen mit starker Wachswollausscheidung im Herbst durch Tannenstammlaus (*Adelges piceae*); BK: PSD-Beratung
- Hexenbesenbildung und lokale Stammverdickung (»Rädertanne«) durch Rostpilzinfektion (*Melampsorella caryophyllacearum*): Abb. FAW

• **an Wurzeln/Stammbasis**
- Absterbeerscheinungen durch Hallimaschinfektion: vgl. Abb. 165

Abb. 1: Nadelverfärbung durch Frosttrocknis im Spätwinter

EM: im Frühjahr hellbraunrote Verfärbung der Nadelspitzen oder ganzer Nadeln vorwiegend des jüngsten Nadeljahrganges, besonders an Süd- und Westseite der Krone, nach tiefen Temperaturen im Wechsel mit wärmeren Perioden

VM: Kalium-Mangel (Abb. FAW), Immissionsbelastung (Abb. FAW), in beiden Fällen chemische Nadelanalyse; Tannenborkenkäfer-Befall (*Cryphalus piceae*), hier aber mit Fraßschaden und Einbohrloch an Triebbasis (Abb. FAW)

BK: gute Wasser- und Nährstoffversorgung; im Spätsommer keine N-Düngung; K-Versorgung sicherstellen

Abb. 2: Nadelverbräunung durch Pilzinfektion (*Kabatina abietis*)

EM: braune Fleckung bis vollständige Nadelverbräunung; kleine, dunkle, kissenförmige Pilzfruchtkörper auf Nadelunterseite aus Epidermis hervorbrechend

VM: Frosttrocknis (Abb. 1); andere Pilzinfektion, z. B. *Rhizosphaera kalkhoffii* (Abb. 154), *Sclerophoma xenomeris* (Abb. FAW)

BK: nicht erforderlich oder nicht bekannt

Abb. 3: Nadelverfärbung an Nordmanns-Tanne durch unsachgemäße Herbizidanwendung (z. B. Amitrol)

EM: Chlorose und Ausbleichen der jüngsten Nadeln von der Nadelspitze her im unteren Kronenbereich; Herbizidwirkung an benachbarter Flora; Nadelanalyse

VM: Nährstoffmangel (Abb. FAW)

BK: falls chemische Unkrautbekämpfung unvermeidbar, Anwendungsvorschriften exakt beachten

Abb. 4: Nadelverfärbung durch Pilzinfektion (*Herpotrichia parasitica*), »Herpotrichia-Nadelbräune«

EM: gleichmäßig hellbraune Verfärbung einzelner Nadeln, die lose vom Zweig herabhängen (a); nadelunterseits ockerbraunes, filzartiges Myzel mit verstreut liegenden, borstentragenden Fruchtkörpern (b, Lupe)

VM: Frosttrocknis (Abb. 1); *Rhizoctonia*-Infektion: hellbraune, dichte Myzelüberzüge auf absterbenden Nadeln, Fruchtkörper fehlen (Differenzialdiagnose durch Fachmann); Saugschäden durch Läuse (Abb. 5); Tannennadelmotte (Abb. FAW)

BK: Jungbäume freistellen; beschattete Standorte meiden (z. B. nicht unter Schirm)

Abb. 5: Saugschäden, Triebsterben durch Gefährliche Weißtannenlaus (*Adelges [Dreyfusia] nordmannianae*)

EM: Vergilbung und Abwärtskrümmung von Nadeln an Maitrieben durch Saugen kurzrüsseliger Larven (a), später Häutungsreste nadelunterseits (Lupe); Absterben von Trieben (b) mit keulenförmiger Anschwellung junger Zweigabschnitte durch rindensaugende, langrüsselige Larven (c)

VM: Saugschäden durch Zweibrütige Weißtannenlaus (*Adelges [Dreyfusia] merkeri*): ähnlich *A. nordmannianae*, jedoch Wirtswechsel mit *Picea orientalis*, dort Gallenbildung; Spätfrostschäden (Abb. FAW); *Botrytis*-Infektion (Abb. 277)

BK: s. Text Abb. 6

Abb. 6: Saugschäden durch Weißtannentrieblaus (*Mindarus abietinus*)

EM: Nadelverformung, Nadelverdrehung an wachsenden Maitrieben (a, hier an *Abies nordmanniana*); an jungen Trieben Besatz graugrüner, ungeflügelter, 1,8 bis 2,0 mm großer Läuse (b) mit bläulichweißem Wachsflaum und starker Honigtaubildung; Larven gelblich; mehrere Generationen im Jahr; ohne Ameisenbesuch

VM: Saugschäden durch Gefährliche Weißtannenlaus (*Adelges nordmannianae*): Abb. 5; Differenzialdiagnose durch Fachleute

BK: befallene Triebe entfernen; bei wiederkehrendem Befall frühzeitige Behandlung mit einem für saugende Insekten (z. B. auch Blattläuse) im Zierpflanzenbau zugelassenen Mittel

Abb. 7: Saugschäden durch Große Tannenrindenlaus (*Cinara confinis*)

EM: Verminderung des Längenwachstums; auf der Rinde von Stamm und Ästen dichte Kolonien auffallend großer, schwarzbrauner, gescheckter Läuse mit grauer Wachsausscheidung

VM: andere Läusearten (Abb. 5, 6); Differenzialdiagnose durch Fachmann

BK: s. Text Abb. 6

Acer (Ahorn)

• **an Blättern, Knospen**
- Blattranddürre durch Wassermangel oder Streusalzeinwirkung: Abb. 8
- gelblichweiße Verfärbung der Blattfläche mit grün gesäumten Adern durch Eisen/Mangan-Mangel: vgl. Abb. 203
- Vergilbung der Interkostalfelder durch Magnesium-Mangel: vgl. Abb. 89
- chlorotische Fleckung, Linienmuster durch Virusinfektion: vgl. Abb. 279
- weiße Überzüge durch Echte Mehltaupilze (*Sawadaea*-Arten): Abb. 11
- schwarze Blattfleckung durch Pilzinfektion (*Rhytisma acerinum*): Abb. 12
- wenige große, braune, anfangs fingerförmig berandete Blattflecke durch Pilzinfektion (*Pleuroceras pseudoplatani*): Abb. 9
- »Weißfleckigkeit« durch Pilzinfektion (*Cristulariella depraedans*): Abb. 13
- hellbraune, rundliche Blattflecke durch Gallmücken-Befall (*Dasineura vitrina*) mit anschließender sekundärer Pilzentwicklung: Abb. 14
- Blattfleckung und -deformation durch Borstenlaus-Befall (Ahornborstenlaus: *Periphyllus testudinaceus*): Abb. 15
- rötliche, kugelige oder hörnchenförmige Gallen blattoberseits durch Gallmilben-Befall (*Aceria-*, *Eriophyes*-Arten): Abb. 17a,b,c
- fleckenartige, weißliche oder rötliche Filzrasen blattunterseits durch Gallmilben-Befall (*Eriophyes psilomerus*): Abb. 17d
- silbrigweiße Sprenkelung blattoberseits durch Zwergzikaden-Befall (z. B. *Edwardsiana nigriloba*): Abb. 16
- Blattvergilbung durch Schmierlaus-Befall (*Phenacoccus aceris*): vgl. Abb. 116
- unregelmäßig längliche, hellbraune Blattminen durch Raupenfraß der Rosskastanien-Miniermotte (*Cameraria ohridella*): Abb. 10
- Blattfraß durch Schmetterlingsraupen (z. B. Goldafter: Abb. 18a; Ahorneule: Abb. 18b; Kleiner Frostspanner: Abb. 18c)

• **an Trieben**
- Triebsterben durch Frost, Trockenheit oder Streusalzeinwirkung: Abb. FAW
- Triebwelke durch Pilzinfektion (*Verticillium alboatrum*): vgl. Abb. 330

• **an Ästen, am Stamm**
- Bildung längsverlaufender Wundleisten durch falsche Ästung: Abb. 23
- Aststerben, Rindennekrosen durch Pilzinfektion (*Nectria cinnabarina*): Abb. 19
- Fäuleentwicklung im Holz durch holzzerstörende Pilze: Abb. 22

• **an Stammfuß/Wurzeln**
- würfelartiges Aufbrechen der Rinde durch Sonnenbrand: Abb. 20
- einseitiges, partielles Rindensterben durch Frosteinwirkung: Abb. 21
- am Stammfuß tellerförmige, bis 30 cm breite, hell- bis dunkelbraune Fruchtkörper von Flachem Lackporling (*Ganoderma lipsiense*): vgl. Abb. 97b

Abb. 8: Blattranddürre durch sommerliche Trockenheit an Spitz-Ahorn

EM: durch Wassermangel bräunliche Blattrandverfärbung mit unscharfem Innenrand; chemische Blattanalyse (für Chlorid-Ausschluss)
VM: Streusalzeinwirkung (Abb. 25); Kalium-Mangel (vgl. Abb. 24)
BK: ausreichende Wasserversorgung

Abb. 9: Blattbräune durch Pilzinfektion (*Pleuroceras pseudoplatani*) an Berg-Ahorn

EM: bräunliche, 2 bis 5 cm große Blattflecke, anfangs mit fingerförmigem Rand; schwarzbraune Adernverfärbung; vorzeitiger Blattfall; winzige Fruchtkörper auf Blattadern blattunterseits (Lupe)
VM: Gallmücken-Befall (Abb. 14)
BK: abgefallene Blätter entfernen; Behandlung mit einem für pilzliche Blattfleckenerreger zugelassenen Mittel (nur in Baumschulen)

Abb. 10: Blattfleckung durch Rosskastanien-Miniermotten-Befall (*Cameraria ohridella*) an Berg-Ahorn

EM: hellbraune, unregelmäßige Minen mit Raupen; nur in unmittelbarer Nähe befallener Kastanien (Abb. 28)
VM: *Dasineura vitrina* (Abb. 14)
BK: bei Ahorn nicht erforderlich (s. Text Abb. 28)

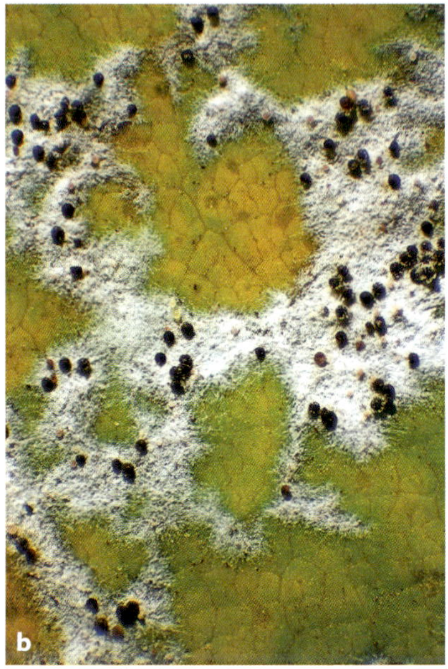

Abb. 11: Weiße Blattfleckung oder Überzüge, Blattdeformation durch Echte Mehltaupilze (*Sawadaea*-Arten), »Ahornmehltau«

EM: a, b) *Sawadaea* [*Uncinula*] *tulasnei*, hier an Spitz-Ahorn: blattoberseits rundliche, scharf begrenzte Flecke (a); ab Spätsommer gelbliche bis braunschwarze, kugelige Fruchtkörper (b, Lupe)
c) *Sawadaea* [*Uncinula*] *bicornis*, hier an Feld-Ahorn: auf beiden Blattflächen diffus berandete, meist zusammenhängende Überzüge; junge Blätter oft verformt

VM: *Cristulariella depraedans* (Abb. 13); Zikaden-Befall (Abb. 16)

BK: bei Einzelbäumen nicht erforderlich; in Baumschulen evtl. Behandlung mit einem für Echte Mehltaupilze zugelassenen (vorzugsweise schwefelhaltigen) Mittel

Abb. 12: Blattfleckung durch Pilzinfektion (*Rhytisma acerinum*), »Ahornrunzelschorf«, auch »Teerfleckenkrankheit«

EM: im Sommer blattoberseits schwarzglänzende Flecke (a), oft gelb berandet; im folgenden Frühjahr auf abgefallenen Blättern Ausbildung der Hauptfruchtform mit Ascosporen in spaltenförmig aufreißenden, flachen Stromata (b, Lupe); Vorkommen verschiedener physiologischer Rassen, die nur bestimmte Ahorn-Arten infizieren

VM: *Rhytisma punctatum*: punktförmige, zusammenliegende Sklerotien, nur auf Berg-Ahorn

BK: Beseitigung des Falllaubes; in Baumschulen bei Auftreten der ersten Symptome Behandlung mit einem für pilzliche Blattfleckenerreger zugelassenen Mittel

Abb. 13: Blattfleckung durch Pilzinfektion (*Cristulariella depraedans*) auf Berg-Ahorn, »Weißfleckigkeit«

EM: kleine, rundliche, grauweiße Flecke (a); blattunterseits winzige, gestielte, weiße Sporenköpfchen (b, Pfeil); Gewebe später löcherig

VM: Gallmücken-Befall (Abb. 14)

BK: abgefallene Blätter entfernen; unteren Kronenbereich auslichten

Abb. 14: Blattfleckung durch Gallmücken-Befall (Ahorn-Fenstergallmücke: *Dasineura vitrina*) mit sekundärer Pilzentwicklung

EM: anfangs grünliche, linsenförmige Gallen, innen mit dicker, weißer Larve; im Spätstadium oft vorzeitiges Absterben der Larven durch sekundären Pilzbefall (z. B. *Diplodina acericola*) mit Ausbildung bräunlicher, herausfallender Flecke

VM: *Cristulariella depraedans* (Abb. 13)

BK: nicht erforderlich

Abb. 15: Blattfleckung und -deformation durch Borstenlaus-Befall (Ahornborstenlaus: *Periphyllus testudinaceus,* Syn. *P. villosus*)

EM: durch Saugen vor Blattentfaltung entstehende, grünlichweiße, perlschnurartig angeordnete Blattwölbungen, die lochartig aufreißen (a); blattunterseits 3 bis 4 mm große, grünlichschwarze, borstentragende Läuse (b, Lupe), später auch an Trieben; ab Juni grüne, sesshafte, unscheinbare »sommerliche Ruhelarven«

VM: andere Läusearten (Differenzialdiagnose durch Fachleute)

BK: nicht erforderlich

Abb. 16: Weißliche Sprenkelung durch Zwergzikaden-Befall (z. B. *Edwardsiana nigriloba*) an Berg-Ahorn

EM: winzige, eckige Saugstellen blattunterseits durch hellgelbe, bei Störung abspringende Larven im Frühjahr; ab Juli 3 bis 4 mm lange Adulte mit schwarzer Flügelmusterung

VM: Schadbild durch andere Zwergzikaden

BK: nicht erforderlich

Abb. 17: Gallenbildung, Blattfleckung und -deformation durch Gallmilben-Befall (*Aceria*-, *Eriophyes*-Arten)

EM: a, b) Beutelgallmilbe (*Aceria macrorhyncha*): kugel- bis hörnchenförmige, rötliche, 2 bis 3 mm hohe Ausstülpungen blattoberseits mit Öffnung unterseits; im Inneren Milben (Mikro); an Berg-Ahorn
c) Köpfchengallmilbe (*Eriophyes macrochelus*): unregelmäßig kugelige, zunächst grünliche, dann leuchtend rote Gallen blattoberseits; im Inneren Gallmilben (Mikro); nur an Silber-Ahorn
d) Filzgallmilbe (*Eriophyes psilomerus*): blattoberseits blasenartige, hellgrüne Fleckung, unterseits (Bild) weiße bis rötliche Filzrasen; im Filz Gallmilben (Mikro); vornehmlich an Berg-Ahorn

VM: keine

BK: nicht erforderlich

Abb. 18: Blattfraßschäden durch Schmetterlingsraupen

EM: a) Goldafter (*Euproctis chrysorrhoea*): große Raupennester mit graubraunen, behaarten, 3 cm langen Raupen; polyphag; oft Kahlfraß
b) Ahorneule (*Acronicta aceris*): Skelettierfraß durch 4 bis 5 cm lange, zunächst schwarze, dann braungelbe, stark behaarte Raupe
c) Kleiner Frostspanner (*Operophtera brumata*): Raupe 2,5 cm lang, grün, mit hellen Längsstreifen; oft Kahlfraß; Obstbaumschädling!

VM: andere Schmetterlingsraupen (s. Literatur)

BK: Raupen absammeln bzw. Raupennester ausschneiden; Nistkästen für Vögel aufhängen; biologische Bekämpfung mit *Bacillus thuringiensis*

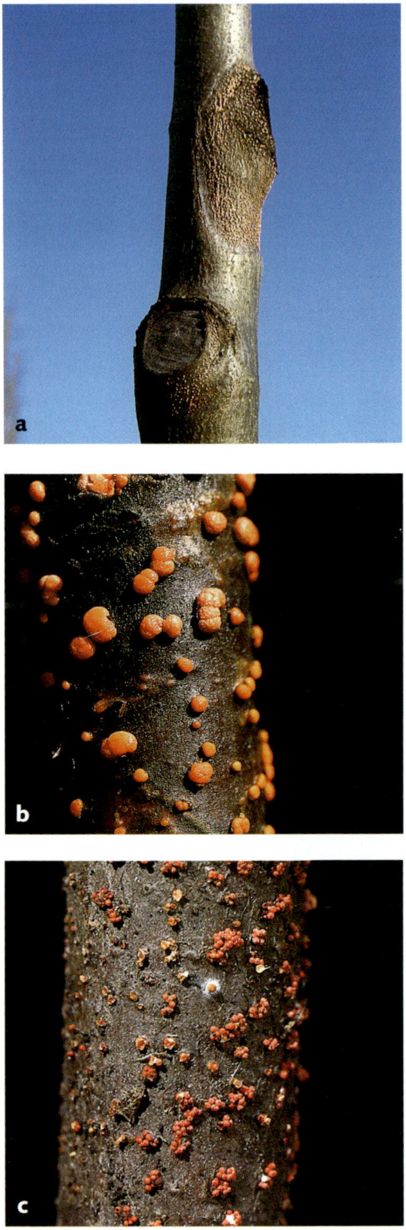

Abb. 19: Rindennekrosen und Absterbeerscheinungen an Ästen durch Pilzinfektion (*Nectria cinnabarina*), »Rotpustelkrankheit«

EM: elliptische Rindennekrosen an größeren Ästungswunden (a), Absterben von Ästen mit Besatz stecknadelkopfgroßer, orangefarbener Fruchtkörper der Nebenfruchtform (*Tubercularia vulgaris*, b); ab Herbst Bildung roter, in Gruppen zusammenstehender, eiförmiger Perithecien der Hauptfruchtform (*Nectria cinnabarina*, c, Lupe) mit zweizelligen, farblosen Ascosporen
VM: andere *Nectria*-Arten
BK: frühzeitige, fachgerechte Ästung; ausreichende Wasserversorgung (vor allem bei frisch gepflanzten Bäumen)

Abb. 20: Absterben der Rinde durch Hitze (»Sonnenbrand«)

EM: partielles Absterben und Abblättern der Rinde durch Erhitzen der Kambiumzone dünnrindiger Bäume, auf Süd/Westseite beschränkt; besonders nach Freistellung der Bäume (Fehlen von Schattenwirkung); nachfolgend oft Infektion durch holzzerstörender Pilze, z. B. *Schizophyllum commune* (Abb. 317)

VM: Frostschäden (Abb. 21)

BK: Verhütung stärkerer Sonnenbestrahlung durch pigmentierten Anstrich, z. B. Kalk oder Umwickeln mit Jute; Anbringen von Riedgrasmatten; Wundpflege

Abb. 21: Frostschaden nach intensiven Strahlungsfrösten und starken Temperaturschwankungen

EM: vertikales Aufreißen der Rinde in Stammfußnähe mit mehr oder weniger ausgedehnten Kambiumschäden; bevorzugt auf der Süd- und Südwestseite; später weit auseinanderklaffende Wundränder mit Überwallungsansätzen

VM: »Falsche Frostrisse« durch Aufreißen des Stammholzes von innen nach außen nach Kambiumverletzungen oder Holzfäulen (vgl. Abb. 211)

BK: Wundpflege; Anwendung von Wundbehandlungsmitteln

Abb. 22: Weißfäule im Stamm durch Pilzinfektion (Behangener Seitling: *Pleurotus dryinus*) nach Astschnitt

EM: örtlich begrenzte Holzzersetzung an Ästungswunden; außen hutförmige, exzentrisch gestielte Fruchtkörper mit herablaufenden Lamellen; Vorkommen auch an anderen Laubbaumarten

VM: andere Hutpilze; Fäule durch andere Pilzarten

BK: frühzeitige Aufastung; Wundpflege mit Wundverschlussmitteln (nicht immer erfolgreich, siehe Bild)

Abb. 23: Wundleisten nach falscher Ästung, »Falscher Forstriss«

EM: stammparallele, periodisch aufreißende Wundleisten, ausgehend von stamminneren, zum Rindenmantel vordringenden Radialrissen; Auslöser sind über Ästungswunden eindringende Mikroorganismen mit weiterer Ausbreitung im Stamm

VM: überwallte, längsverlaufende, äußere Rindenverletzungen

BK: frühzeitige, fachgerechte Ästung; Wundpflege

Aesculus (Rosskastanie)

• an Blättern

- chlorotische Verfärbung der Blattspreite, später fleckenartige Blattrandnekrose durch Kalium-Mangel: Abb. 24
- Verbräunung der Blattränder durch Streusalzeinwirkung: Abb. 25
- vom Blattrand ausgehende Verbräunung und Blattwelke nach längeren Dürreperioden (vgl. Abb. 88); auch Folgeerscheinung nach Pilzinfektion (vgl. Abb. 27) oder Insekten-Befall (Abb. 28)
- Blattvergilbung, Gelbmosaik durch Virusinfektion (Ilarvirus-Gruppe)
- weißlichgraue Flecke blattoberseits durch Echten Mehltaupilz (*Erysiphe* [*Uncinuliella*] *flexuosa*): vgl. Abb. 292; neuartiger, aus Nordamerika eingeschleppter Erreger; vorzugsweise auf Rotblühender Rosskastanie
- größere, braune Blattflecke (»Blattbräune«), Randrollung, vorzeitiger Blattfall durch Pilzinfektion (*Guignardia aesculi*): Abb. 27
- eckige, bräunliche Saugstellen längs der Hauptblattader, Milben blattunterseits durch Spinnmilben-Befall (*Eotetranychus aesculi*): Abb. 26
- eingerollte Blätter durch Blattlaus-Befall (z. B. *Aphis fabae*): vgl. Abb. 85
- Läuse mit weißem Wachs an Blättern und Zweigen durch Schmierlaus-Befall (*Phenacoccus aceris*): vgl. Abb. 116
- anfangs transparente, dann bräunliche, längliche Platzminen durch Befall von Rosskastanien-Miniermotte (*Cameraria ohridella*): Abb. 28
- Fraß an jungen Blättern durch Feldmaikäfer (*Melolontha melolontha*): vgl. Abb. 210
- Blattfraß durch Schmetterlingsraupen (z. B. Ahorneule/Rosskastanieneule: *Acronicta aceris*): vgl. Abb. 18b

• an Trieben

- Triebwelke und -vertrocknung; auf toter Rinde rote, stecknadelkopfgroße Pilzfruchtkörper durch Pilzinfektion (*Nectria cinnabarina*): vgl. Abb. 19
- Triebwelke und Absterben durch Pilzinfektion (*Verticillium* sp.): Abb. 31
- Triebsterben durch Bohrfraß von Raupen des Rosskastanienbohrers (Blausieb: *Zeuzera pyrina*): Abb. 149

• an Ästen, am Stamm

- Aststerben oder Rindennekrosen, besonders an Ästungswunden geschwächter Bäume durch Pilzinfektion (*Nectria cinnabarina*): vgl. Abb. 19
- Weißfäule in Stamm und Ästen; auf freiliegendem Holz konsolenförmige Pilzfruchtkörper, z. B. von *Trametes*-Arten: Abb. 32
- Rindenfäule am Stammgrund, Baumsterben; auf der Rinde dunkle Exsudate durch Pilzinfektion (*Phytophthora cactorum*): Abb. 30
- Weißfäule im Holz von Stammbasis und Wurzeln durch Pilzinfektion (Brandkrustenpilz: *Ustulina deusta*): vgl. Abb. 99
- Fraßgänge im Holz durch Rosskastanienbohrer (*Zeuzera pyrina*): vgl. Abb. 149
- auf der Rinde Kolonien rötlichbrauner, halbkugelig gewölbter Schildläuse der Wolligen Napfschildlaus (*Pulvinaria regalis*): Abb. 29

Abb. 24: Chlorotisch/nekrotische Blattverfärbung durch Kalium-Mangel

EM: von den Blatträndern ausgehende, chlorotische Verfärbungen, später fleckige Nekrosen; Kalium-Nachweis durch Blattanalyse
VM: Streusalzeinwirkung (Abb. 25); Magnesium-Mangel; Dürreschäden (vgl. Abb. 88)
BK: Bodenverbesserung durch gezielte Düngung

Abb. 25: Blattverfärbung durch Streusalzeinwirkung

EM: Blattränder im Frühjahr braun und vertrocknet, nach innen zu chlorotisch; bei starker Schädigung frühzeitiger Blattverlust; Chlorid-Nachweis durch chemische Analyse
VM: Kalium-Mangel (Abb. 24); Dürreschäden (vgl. Abb. 88)
BK: sparsamer Umgang mit chloridhaltigem Streusalz; Bodenwässerung zur Salzauswaschung

Abb. 26: Blattfleckung durch Kastanienspinnmilbe (*Eotetranychus aesculi*)

EM: zusammenhängende, scharf umgrenzte, zackenartige Nekrosen längs der Hauptblattader; Milben blattunterseits (Lupe)
VM: Frostschäden (Milben fehlen)
BK: nicht erforderlich

Abb. 27: Blattbräune durch Pilzinfektion (*Guignardia aesculi*)

EM: braune, oft gelb umrandete Flecke, Einrollen der Blattränder (a), Blattfall; im nekrotischen Gewebe schwarze, rundliche Pilzfruchtkörper (b, Lupe) mit eiförmigen Konidien (c, Mikro)

VM: Streusalzschäden (Abb. 25), Kalium-Mangel (Abb. 24); Rosskastanien-Miniermotten-Befall (Abb. 28)

BK: abgefallene Blätter und Herbstlaub entfernen

Abb. 28: Blattfleckung durch Befall der Rosskastanien-Miniermotte (*Cameraria ohridella*) an Weißblühender Rosskastanie

EM: zahlreiche, meist gestreckte, ockerfarbene Minen (a) mit gelblicher, 1 bis 4 mm langer Raupe (b, Mine geöffnet); im Sommer Flug der goldgelben Motten; Verpuppung in der Mine (c); Überwinterung in abgefallenen Blättern; stark befallene Blätter werden braun, vertrocknen. Neuartiger, aus Südeuropa eingeschleppter Schädling

VM: *Guignardia aesculi* (Abb. 27); Kastanienspinnmilbe (Abb. 26)

BK: befallenes Laub entfernen; Beratung durch Pflanzenschutzdienst

Abb. 29: Saugschäden durch Wollige Napfschildlaus (*Pulvinaria regalis*)

EM: braune, schildkrötenartig gewölbte, 4 bis 6 mm große Schilde (Weibchen); Eisäckchen weiß, bis dreimal so lang wie Schildlaus; geflügelte Männchen kleiner; Überwinterung an dünnen Zweigen; Eiablage von Frühjahr bis Sommer an Stamm und Ästen, oft ganze Stämme bedeckend; bevorzugt im städtischen Bereich; erst seit 1960 in Europa

VM: andere Schildlaus-Arten

BK: zu Befallsbeginn Behandlung mit einem für Schildläuse bei Zierpflanzen zugelassenen Mittel

Abb. 30 (oben): Rindenfäule durch Pilzinfektion (*Phytophthora cactorum*)

EM: in der Krone Blattvergilbung (a), am Stammgrund bis 2 Meter Höhe gummiartige Ausscheidungen, Braunfärbung der Rindenoberfläche (b), unter der Rinde rotbraune Verfärbung; auch Wurzelbefall; Bäume sterben ab

VM: *Verticillium*-Welke (Abb. 31)

BK: befallene Bäume roden; keine Neupflanzung an gleicher Stelle

Abb. 31 (unten): Welke und Triebsterben durch Pilzinfektion (*Verticillium* sp.)

EM: welkende, absterbende Triebe und Äste mit bräunlicher Verfärbung im Gefäßbündelbereich (Astquerschnitt!, vgl. Abb. 330)

BK: erkrankte Äste abschneiden; schwer erkrankte Bäume roden

Abb. 32: Holzzersetzung durch Pilzinfektion (Basidiomyceten)

EM: a) mehr oder weniger ausgedehnte Fäule im Stamm älterer Bäume, ausgehend von größeren Ästungswunden

b) Erreger z. B. Schmetterlingsporling (*Trametes versicolor*, links im Bild): 5 bis 8 cm große, flache, buntzonierte Hütchen, unterseits mit Röhrenschicht; Striegelige Tramete (*Trametes hirsuta*, rechts im Bild): flache Konsolen mit graugelben Borsten oberseits; weitere Arten: Schwefelporling (Abb. 239); Schuppiger Porling (Abb. 114); Seitling (Abb. 22)

VM: andere Pilzarten (s. Literatur)

BK: Ästungsmaßnahmen frühzeitig durchführen; Wundbehandlungsmittel verwenden

a

b

Alnus (Erle)

- **an Blättern, Knospen, Blüten**
- grünliche bis rötliche, zungenartige Auswüchse an weiblichen Kätzchen durch Pilzinfektion (*Taphrina amentorum*), »Kätzchenkrankheit der Erle«
- unscheinbares Myzel blattunterseits mit dunklen, kugeligen Fruchtkörpern von Echtem Mehltaupilz (*Microsphaera penicillata*): vgl. Abb. 204
- gelbliche Blattfleckung oberseits, orangerote Sporenlager blattunterseits durch Rostpilzinfektion (*Melampsoridium alni*): Abb. 33
- braune Blattflecke durch Pilzinfektion (z. B. *Asteroma alneum*): Abb. 34
- Blattkräuselung, blasige Auftreibungen, später auch Blattbräune und Triebverformung durch Pilzinfektion (*Taphrina tosquinetii*)
- silbrigweiße Blattsprenkelung durch Zwergzikaden-Befall (z. B. *Alnetoidea alni*): Abb. 36
- grüne bis rötliche, köpfchenförmige Beutelgallen blattoberseits durch Gallmilben-Befall (*Eriophyes laevis, E. inangulis*): Abb. 35c, d
- pockenartige Erhebungen blattoberseits, grünlichrötlicher Filzrasen blattunterseits durch Gallmilben-Befall (*Aceria brevitarsa*): Abb. 35a, b
- Saugschäden durch Erlenblattfloh (*Psylla alni*): an Jungtrieben grünliche Larven, eingehüllt in klebrige Massen weißer Wachsfäden: vgl. Abb. 56
- Platzminen durch Larven der Erlenminierblattwespe (*Fenusa dohrni*): Abb. 37
- Minierfraß durch Raupen der Erlenknospenmotte (*Coleophora serratella*): Abb. 39
- Blattfraß durch Erlenblattkäfer (*Agelastica alni*): Abb. 38
- zigarrenförmige Blattwickel (Trichterwickel) mit Käferlarven von Schwarzem Birkenblattroller (*Deporaus betulae*): Abb. 40

- **an Trieben, Zweigen**
- Hexenbesenbildung durch Pilzinfektion (*Taphrina epiphylla*): vgl. Abb. 51
- Triebdeformation mit Bildung von »Kuckucksspeichel« durch Larven der Erlenzikade (*Aphrophora alni*): vgl. Abb. 249

- **am Stamm, an Wurzeln**
- Absterben der Rinde am unteren Stamm durch Sonnenbrand: vgl. Abb. 20
- Rindennekrosen an Stammbasis, später Blattverluste und Absterben der Stammspitzen durch Pilzinfektion (*Phytophthora cambivora*): Abb. 41
- Gang- und Plätzefraß durch Larven unter der Rinde mit Nagespänen an Auswurflöchern; Absterben von Stamm und Ästen; Stichfraß an jungen Trieben durch Jungkäfer von Erlenrüssler, »Erlenwürger« (*Cryptorhynchus lapathi*): Käfer 6 bis 9 mm, schwarz mit gelblichweißen Schuppen, Kopf mit langem Rüssel

Abb. 33: Blattfleckung und -vergilbung durch Rostpilzinfektion (*Melampsoridium alni*), »Erlenrost«, hier an Grau-Erle

EM: zahlreiche kleine, gelbliche, später bräunliche Flecke blattoberseits (a); gelbe Sporenpusteln mit Uredosporen (Sommersporen) unterseits (b, Lupe); Wirtswechsel des Pilzes mit Lärche

VM: keine

BK: räumlichen Abstand zwischen Lärche und Erle einhalten

Abb. 34: Blattfleckung durch Pilzinfektion (*Asteroma alneum*, Syn. *Cylindrosporella alnea*)

EM: 1 bis 3 cm große, braune bis braunrote, unregelmäßige Flecke; Pyknidien erhaben, beidseitig, mit spindelförmigen, einzelligen Sporen; zugehörige Hauptfruchtform *Gnomoniella tubaeformis*: auf abgefallenen Blättern im Frühjahr

VM: Pilzarten mit ähnlicher Fleckenbildung, z. B. *Asteroma alni*: Sporen kleiner (Differenzialdiagnose durch Fachleute)

BK: nicht erforderlich

Abb. 35: Gallenbildung und Blattfleckung durch Gallmilben-Befall

EM: a, b) Filzgallmilbe (*Aceria brevitarsa*): blattoberseits hellgrüne, pockenartige Aufwölbungen, blattunterseits hellgrüne, später rötliche (b) bis braune Filzmassen mit winzigen Milben (Mikro)
c) Beutelgallmilbe (*Eriophyes laevis*): blattoberseits 1 bis 2 mm große, kopfförmige Ausstülpungen, im Inneren winzige Milben (Mikro)
d) Nervenwinkelgallmilbe (*Eriophyes inangulis*): in den Nervenwinkeln längs des Mittelnervs gelbliche, später schwärzliche, kugelige, 2 bis 3 mm große Ausstülpungen nach oben, im Inneren Milben (Mikro)

VM: keine

BK: nicht erforderlich

Abb. 36: Saugschäden durch Zwergzikaden (häufigste Art: *Alnetoidea alneti*)

EM: silbrigweiße Sprenkelung, oft auf gesamter Blattspreite; blattunterseits gelblichweiße Larven, bei Störung abspringend; später Larvenhäute zurücklassend (Blatt rechts); Adulte mit homogen goldgelben Flügeln ohne Fleckung; auch auf Hainbuche

VM: andere Zikadenarten; Spinnmilben-Befall (vgl. Abb. 313)

BK: nicht erforderlich

Abb. 37: Plätzefraß durch Erlenminierblattwespe (*Fenusa dohrni*)

EM: 2 bis 3 cm große Platzmine, im Inneren weiße Larve mit hellem Kopf; Imago wespenähnlich mit schwarzen Flügeln

VM: andere Blattminierer (z. B. *Heterarthrus vagans*: Kopf der Larve dunkelbraun)

BK: nicht erforderlich

Abb. 38: Fraßschäden durch Blauen Erlenblattkäfer (*Agelastica alni*)

EM: Fensterfraß durch schwärzlichgelbe bis schwarze Larven, anfangs in Gruppen (b); Blattepidermis später ausfallend (a); Ei-Gelege ockergelb; Lochfraß durch 5 bis 6 mm lange, metallisch glänzende, tiefstahlblaue Käfer (c)

VM: Erzfarbener Erlenblattkäfer (*Chrysomela aenea*): Käfer 6 bis 8 mm, metallischgrün oder -blau

BK: nicht erforderlich

Abb. 39: Minierfraß durch Raupen der Erlenknospenmotte (*Coleophora serratella*)

EM: vereinzelte, wenige mm große, braune Platzminen (a), im Inneren Kotkörnchen; in der Epidermis blattunterseits rundes Loch (b) als Eintrittsstelle der Larve, die von einem Sack aus miniert

VM: andere Blattminierer (s. Literatur)

BK: nicht erforderlich

Abb. 40: Blattwickel durch Rüsselkäfer-Befall (Schwarzer Birkenblattroller: *Deporaus betulae*)

EM: zigarrenförmige, vertrocknende Blattwickel der apikalen Blattspreite, innen mit weißer Larve; Käfer schwarz, bis 4 mm lang, mit schwarzen Flügeldecken und langem, dünnen Rüssel

VM: Blattwickel durch Schmetterlingsraupen

BK: nicht erforderlich

Abb. 41: Rindenfäule und Absterbeerscheinung durch Pilzinfektion, »Erlen-Phytophthora« (*Phytophthora cambivora* s. l.)

EM: außen auf der Rinde schwärzliche Flecke (a); vom Stammgrund zungenartig aufsteigende, braune Verfärbungen (b, Rinde angeschnitten); später entweder Abriegelung und Überwallung kleinerer Nekrosen oder Absterben der Bäume (c); an Fließgewässern und in Überflutungsgebieten; neuartige Erkrankung

VM: Rinden- und Baumsterben durch andere Pilze (*Pholiota squarrosa*, Abb. 285; *Cryptodiaporthe oxystoma*); Sonnenbrand, vgl. Abb. 20

BK: keine Bekämpfung möglich

Berberis (Berberitze)

- **an Blättern, Knospen**
  - Blattfleckung durch Rostpilzinfektion (*Puccinia graminis*): Abb. 42
  - Blattfleckung oder weißliche Überzüge durch Infektion von Echtem Mehltaupilz (*Microsphaera berberidis*) vgl. Abb. 204
  - Blattfleckung durch andere Pilzarten (z. B. *Ascochyta berberidis*: ovale, unregelmäßige, graue bis hellbraune, 5 bis 15 mm große Blattflecke, Pyknidien mit eiförmigen, farblosen Sporen; *Septoria berberidis*: rundliche oder eckige, dunkelbraune, 10 mm große Flecke, oft mit rötlichem Rand, Sporen fadenförmig); Differenzialdiagnose durch Fachleute; BK: nicht erforderlich
  - Blattdeformation, bei starkem Befall Triebstauche durch Gelbe Berberitzenblattlaus (*Liosomaphis berberidis*): vgl. Abb. 231

- **an Trieben, Zweigen**
  - Absterben von Ästen durch Pilzinfektion (*Nectria cinnabarina*): vgl. Abb. 19

Abb. 42: Blattfleckung durch Rostpilzinfektion (*Puccinia graminis*)

EM: blattoberseits vereinzelte, orangerote Flecke; blattunterseits, auch an Blattstielen, warzenförmige Erhebungen mit leuchtend gelben Sporenbehältern (Äcidien); Wirtswechsel mit Gramineen; auf Getreide als »Schwarzrost« bekannt und gefürchtet

VM: andere *Puccinia*-Arten (Differenzialdiagnose durch Fachleute)

BK: Beseitigung von Berberitze in der Nähe von Getreidefeldern

Betula (Birke)

- **an Blättern, Knospen, Trieben**
  - Blattvergilbung durch anhaltende Trockenheit: Abb. FAW
  - chlorotische Fleckung durch Virusinfektion (Kirschenblattrollvirus): Abb. 43
  - orangefarbene Sporenlager blattunterseits durch Rostpilzinfektion (*Melampsoridium betulinum*): Abb. 44
  - weißer Belag blattunterseits durch Echten Mehltaupilz (*Phyllactinia guttata*): Abb. 45
  - Blattflecke durch Pilzinfektion (*Discula betulina*: kleine, schwarzbraune Flecke, Abb. 46; *Fusicladium betulae*: größere, braune Nekrosen; *Marssonina betulae*: rotbraune Blattflecke mit strahligem, dunklen Rand, Abb. 47); Differenzialdiagnose durch Fachleute oder an Hand von Literatur
  - Saugschäden mit weißem Wachs durch Befall der Gemeinen Schmierlaus (*Phenacoccus aceris*): vgl. Abb. 86, 116
  - Blattrandfraß durch Larven der Breitfüßigen Birkenblattwespe (*Croesus septentrionale*): Abb. 48
  - Minierfraß durch Larven der Kleinen Birkenblattwespe (*Fenusa pusilla*): Abb. 49 oder Erlenknospenmotte (*Coleophora serratella*): Abb. 50
  - Fraßschäden an Blättern, Blüten oder Knospen durch Schmetterlingsraupen (z. B. Ringelspinner: Abb. 190; Schlehenspinner: Abb. 191)
  - Fraßschäden durch Käfer oder Käferlarven (z. B. Feldmaikäfer: *Melolontha melolontha*, Abb. 210; Blauer Erlenblattkäfer: *Agelastica alni*, Abb. 38)
  - zigarrenförmige Blattwickel oder Einrollung von Triebspitzen durch Birkenblattroller-Befall (*Deporaus betulae*): vgl. Abb. 40

- **an Ästen, am Stamm**
  - Hexenbesenbildung durch Pilzinfektion (*Taphrina betulina*): Abb. 51
  - mehrjährige Krebswunden mit kleinen, rundlichen, rötlichen Perithecien durch Pilzinfektion (*Nectria ditissima*): ähnlich Abb. 113a
  - Kolonien von Wolliger Napfschildlaus (*Pulvinaria regalis*): vgl. Abb. 29
  - Absterbeerscheinungen, Fraßgänge mit Auswurflöchern von Raupen oder Käferlarven (Weidenbohrer: Abb. 266a,c; Blausieb: Abb. 149; Erlenrüssler: s. unter *Alnus*)
  - Braunfäule in Stamm und Ästen durch Pilzinfektion (Birkenporling: *Piptoporus betulinus*): Abb. 53
  - Weißfäule im Stamm durch Pilzinfektion (Echter Zunderschwamm: *Fomes fomentarius*): Abb. 54
  - einzelne, große, knollenförmige Wucherungen am Stamm durch Bakterieninfektion (*Agrobacterium tumefaciens*): Abb. 52

Abb. 43: chlorotische Fleckung und Blattdeformation durch Virusinfektion (Kirschenblattrollvirus)

EM: chlorotische Flecke, teilweise Linienmuster, Blattkräuselung, Kleinblättrigkeit an allmählich absterbenden Bäumen; Virus-Nachweis durch Fachleute

VM: Birkenrost (Abb. 44)

BK: infizierte Bäume entfernen (Samenübertragbarkeit des Virus), nicht als Vermehrungsmaterial verwenden

Abb. 44: Blattfleckung durch Rostpilzinfektion (*Melampsoridium betulinum*), »Birkenrost«

EM: chlorotische Fleckung und Sprenkelung blattoberseits, im Sommer gelbe bis orangefarbene, später bräunliche Sporenlager blattunterseits (Lupe)

VM: keine

BK: abgefallene Blätter entfernen; wegen Wirtswechsel mit Lärche räumlichen Abstand zwischen beiden Baumarten berücksichtigen

Abb. 45: Blattverfärbung durch Echten Mehltaupilz (*Phyllactinia guttata*)

EM: feine, chlorotisch-nekrotische Sprenkelung blattoberseits, weißer bis bräunlicher Überzug blattunterseits, später mit schwarzen, kugeligen Pilzfruchtkörpern (Lupe); bei starker Erkrankung Blattvertrocknung
VM: keine
BK: nicht erforderlich

Abb. 46: Blattfleckung durch Pilzinfektion (*Discula betulina*)

EM: kleine, schwarzbraune Flecke auf vorzeitig vergilbenden Blättern; Pilzbestimmung durch Fachleute
VM: andere Pilzarten (s. Übersicht)
BK: nicht erforderlich

Abb. 47: Blattfleckung durch Pilzinfektion (*Marssonina betulae*)

EM: unregelmäßig geformte, rotbraune, 2 bis 5 mm große Flecke mit strahligem, dunklen Rand; bei starkem Befall Blattdeformation; Fruchtkörper beidseitig, schwarzbraun, kissenförmig; Sporen zweizellig

VM: andere Pilzarten (z. B. *Discula betulina*: Abb. 46; *Fusicladium betulae*: Flecke schwarzbraun, kreisförmig); Differenzialdiagnose an Hand von Sporenmerkmalen (Mikro)

BK: nicht erforderlich

Abb. 48: Blattfraß durch Blattwespenlarven (*Croesus septentrionalis*)

EM: Fraßschaden vom Blattrand ausgehend; raupenähnliche Larven (»Afterraupen«) oft S-förmig gekrümmt (Schreckstellung, vgl. Bild)

VM: andere Blattwespen-Arten; Differenzialdiagnose durch Fachleute

BK: bei Massenbefall Behandlung mit einem für Blattwespen zugelassenen Mittel (vorzugsweise *Bacillus thuringiensis*-Präparat)

Abb. 49: Minierfraß durch Raupen der Kleinen Birkenblattwespe (*Fenusa pusilla*)

EM: von Blattadern eingefasste, relativ große Platzminen, die zusammenfließen können; im Blattinneren grünlichgelbe, durchscheinende, 6 bis 8 mm lange Raupe mit Kotkrümeln; Verpuppung im Boden; Wespe schwarz, 2,5 bis 3,5 mm lang; Minen schon im Mai auftretend

VM: Birkenminiermotte (*Eriocrania sparmannella*): Mine beginnt mit schmalem Larvengang; Erlenknospenmotte (Abb. 50)

BK: nicht erforderlich

Abb. 50: Minierfraß durch Raupen der Erlenknospenmotte (*Coleophora serratella*)

EM: breite, zwischen Adern liegende Platzminen; Raupen bewohnen kurze, zylindrische Säckchen, die an der Blattunterseite angeheftet sind, mit Einstiegsloch in die Mine; Minen verformen die Blätter; Motten bräunlich, ockerfarben, 6 bis 8 mm lang, erscheinen im Juni und Juli; auch auf anderen Laubbaumarten (Erle, Hasel, Apfel)

VM: Birkenblattwespe (Abb. 49)

BK: nicht erforderlich

Abb. 51: Hexenbesen durch Pilzinfektion (*Taphrina betulina*)

EM: dichtästige, kugelige Büsche (a) nach Austrieb schlafender Knospen; zwiebelförmige Anschwellungen an Triebbasis (b, Pfeil); Kleinblättrigkeit und Blattverfärbung; blattunterseits Sporenschläuche (Mikro)

VM: Vogelnester; Hexenbesen durch Milben-Befall (ohne Triebanschwellung)

BK: nicht erforderlich; bei jungen Bäumen evtl. Büsche entfernen

Abb. 52: Tumorbildung durch Bakterieninfektion (vermutlich *Agrobacterium tumefaciens*)

EM: am Stamm kugelige, unregelmäßig geformte, bis zu 40 cm große, knollenartige Wucherungen, innen mit maserartiger Holzstruktur; seltener vorkommend

VM: keine

BK: Beseitigung erkrankter Bäume; eher Kuriosität

Abb. 53: Braunfäule im Holz durch Pilzinfektion (Birkenporling: *Piptoporus betulinus*)

EM: in der Krone Abbrechen von Ästen (a); in verschiedener Höhe am Stamm konsolenförmige, ockerbraune, später ausblassende Pilzfruchtkörper (b) mit hellockerfarbener Porenschicht (c); im Stamm bräunliche Holzverfärbung (d); Braunfäuleerreger (Bruchgefahr bei Stamm und Ästen!)

VM: andere Holzzerstörer (z. B. *Fomes fomentarius*, Abb. 54)

BK: fruchtkörpertragende Bäume bzw. Äste beseitigen

Abb. 54: Weißfäule im Holz durch Pilzinfektion (Echter Zunderschwamm: *Fomes fomentarius*)

EM: konsolenförmige, wulstige, hellgraue bis schwärzliche, 20 bis 40 cm große Fruchtkörper (a); unterseits mit sehr kleinen, hellbraunen Poren (b); im Stamm hellockerfarbene Verfärbung (Weißfäule); an zahlreichen Laubbaumarten, vor allem Buche

VM: andere Porlingsarten (z. B. *Piptoporus betulinus*, Abb. 53; *Fomitopsis pinicola*: Fruchtkörper oberseits rostrot mit gelblichem Rand, Abb. FAW)

BK: Baumsanierung nicht möglich; befallene Bäume entfernen (Astbruch- und Umsturzgefahr!)

Buxus (Buchsbaum)

- **an Blättern, Knospen, Blüten**
- kastanien- bis purpurbraune, polsterförmige, 1 bis 2 mm große Sporenlager auf beiden Blattseiten durch Rostpilzinfektion, »Buchsbaumrost« (*Puccinia buxi*): Abb. 57
- Blattfleckung durch Pilzinfektion (*Phyllosticta*-Arten: weißliche, dunkel umrandete Flecke besonders am Blattrand; *Ascochyta buxicola*: weißliche Flecke mit braunem Rand); Differenzialdiagnose durch Fachleute
- gelblichweiße Sprenkelung durch Spinnmilben-Befall (Gemeine Spinnmilbe: *Tetranychus urticae*): Abb. 55
- löffelartig eingekrümmte Blätter durch Blattfloh-Befall (Buchsbaumblattfloh: *Psylla buxi*): Abb. 56
- weiße Kolonien durch Schmierlaus-Befall (*Phenacoccus aceris*): vgl. Abb. 86
- gelblich verfärbte Schwellungen blattoberseits; blasenartige Gallen blattunterseits, innen mit minierenden, orangegelben Larven; bei starkem Befall Blattverlust durch Buchsbaumgallmücke (*Monarthropalpus buxi*)
- Blatt- und Blütendeformation durch Gallmilben-Befall (*Aceria unguiculata*): Blätter an Triebspitzen gekräuselt, verkümmert; Milben: vgl. Abb. 298b

Abb. 55: Blattverfärbung durch Spinnmilben-Befall (Gemeine Spinnmilbe: *Tetranychus urticae*)

EM: weißliche Sprenkelung blattoberseits, bei starkem Befall fahlgelbe Blattverfärbung; Spinnmilben blattunterseits (Lupe)

VM: keine

BK: nicht erforderlich

Abb. 56: Blattdeformation durch Buchsbaumblattfloh (*Psylla buxi*)

EM: löffelartig eingekrümmte, oft gelblich verfärbte Blätter; Triebe teilweise kohlkopfartig gestaucht (a); auf konkaver Blattoberseite blattlausähnliche, grünliche Larven (b) mit weißen Wachsfäden und kleinen Honigtautröpfchen (Lupe)

VM: Buchsbaumsorten mit löffelartigen Blättchen

BK: regelmäßiger Schnitt; keine weitere Behandlung erforderlich

Abb. 57: Blattfleckung durch Rostpilzinfektion (*Puccinia buxi*), »Buchsbaumrost«

EM: befallene Blätter verdickt, auf beiden Seiten kleine, polsterförmige, dunkelbraune, feste Sporenlager mit Teleutosporen (Mikro); Wirtswechsel fehlt

VM: keine

BK: erkrankte Triebe entfernen

Carpinus (Hainbuche)

- **an Blättern, Knospen**
– Ausbleichen der Blattflächen, Verbräunung der Interkostalfelder durch intensive Lichteinwirkung (z. B. nach Heckenschnitt): Abb. 59b
– Blattvertrocknung, Blattranddürre durch anhaltende Trockenheit: vgl. Abb. 88
– braune Blattfleckung durch Pilzinfektion (*Asteroma carpini*): Abb. 60
– hellbraune Fleckung, weißgrauer Myzelüberzug blattober- und -unterseits durch Echten Mehltaupilz (*Phyllactinia guttata*): vgl. Abb. 102
– grünlichgelbe, fleckenartige Blattverfärbung durch Spinnmilben-Befall (*Eotetranychus carpini*): Abb. 59a
– Blattfältelung längs der Blattadern, Blattränder nach oben eingerollt durch Gallmilben-Befall (*Eriophyes macrotrichus*): Abb. 61
– weißliche Blattsprenkelung durch Zwergzikaden-Befall: Abb. 58
– Fraßschäden durch Schmetterlingsraupen (Kleiner Frostspanner: Abb. 62; Schlehenspinner: Abb. 191; Schwammspinner: Abb. 316)
– Fraßschäden an Blättern durch Käfer, an Wurzeln durch Larven (Feldmaikäfer: Abb. 210)

- **an Stamm, Trieben, Ästen**
– Hexenbesen durch Pilzinfektion (*Taphrina carpini*): vgl. Abb. 51
– Triebwelke, Aststerben durch Pilzinfektion (*Nectria cinnabarina*): vgl. Abb. 19
– krebsartige Wunden an älteren Bäumen, Absterben von Ästen durch Pilzinfektion (Runzeliger Schichtpilz: *Stereum rugosum*): vgl. Abb. 76

- **an Wurzeln, Stammbasis**
– an Stammbasis Rindensterben durch Sonnenbrand: vgl. Abb. 20
– Fraßschaden an Rinde durch Erdmaus (*Microtus agrestis*)

Abb. 58: Weiße Sprenkelung durch Zwergzikaden-Befall (häufige Art: *Edwardsiana flavescens*)

EM: feine, weißliche Sprenkelung blattoberseits; blattunterseits im Frühjahr gelbliche, bei Störung abspringende Larven; ab Juni geflügelte Adulte mit hellgelbem Körper
VM: andere Zwergzikaden (z. B. *Alnetoidea alneti*, vgl. Abb. 36)
BK: nicht erforderlich

Abb. 59: Fleckenartige Vergilbung durch a) Spinnmilben-Befall (Hainbuchenspinnmilbe: *Eotetranychus carpini*) bzw. b) starke Sonneneinstrahlung

EM: a) befallene Blätter stellenweise blassgelblich, deformiert; unterseits Kolonien grünlichgelber Milben oft unter seidigen Gespinsten (Lupe); b) interkostales Ausbleichen (Chlorophyllzerstörung), meist erst nach Heckenschnitt; blattunterseits Fehlen von Milben

VM: a) mit b) und umgekehrt

BK: a) nicht erforderlich; b) Heckenschnitt im Frühjahr oder Herbst

Abb. 60: Blattfleckung durch Pilzinfektion (*Asteroma carpini*)

EM: 5 bis 20 mm große, rundliche, graubraune Flecke; Fruchtkörper blattunterseits, punktförmig, mit stäbchenförmigen Konidien (Mikro)

VM: andere Pilzarten (z. B. *Monostichella robergei*: vom Blattrand ausgehende, ausgedehnte, zusammenfließende Flecke); Differenzialdiagnose an Hand von Sporenmerkmalen (s. Literatur)

BK: nicht erforderlich, zumal erst ab Spätsommer auftretend

Abb. 61: Blattdeformation durch Gallmilben-Befall (Hainbuchenmilbe: *Eriophyes macrotrichus*)

EM: zickzackartig verlaufende Faltenbildung längs der Seitenadern; Blattränder nach oben eingerollt; Öffnung oberseits; in den Falten zahlreiche, weißliche, 0,2 mm lange Milben (Mikro)

VM: keine

BK: bei Hecken regelmäßiger Schnitt

Abb. 62: Blattfraß durch Raupen des Kleinen Frostspanners (*Operophtera brumata*)

EM: Eiraupen besiedeln treibende Knospen; erwachsene Raupen bis 2 cm lang, hellgrün bis bläulichgrün mit weißen Seitenlinien, fressen in lose zusammengesponnenen Blättern; Entwicklungsdauer 25 bis 40 Tage; typische, hufeisenförmige Stellung und »spannende« Fortbewegung

VM: andere Schmetterlingsraupen (s. Übersicht)

BK: an kleineren Bäumen Raupen absammeln; bei wiederholtem Befall biologische Bekämpfung mit einem für freifressende Raupen zugelassenen *Bacillus thuringiensis*-Präparat

Castanea (Edelkastanie, Esskastanie)

- **an Blättern, Trieben**
- chlorotische Blattfleckung mit Ringflecken und Linienmuster oder Scheckung, Schmalblättrigkeit durch Virusinfektion; BK: keine kurative möglich; befallene Bäume nicht als Vermehrungsgut verwenden
- weißlicher, mehlartiger Belag auf Blattflächen durch Echte Mehltaupilze (*Microsphaera alphitoides* mit Eiche als Hauptwirt: vgl. Abb. 204; *Phyllactinia guttata*: vgl. Abb. 45)
- zahlreiche, sehr kleine, braune Flecke blattoberseits, später Blattvergilbung durch Pilzinfektion (*Phloeospora castanicola*): Abb. 64
- Verfärbung und Verdorren von Blättern, Triebwelke durch Pilzinfektion (*Verticillium alboatrum*): Abb.63; s. auch Äste/Stamm
- Kolonien der Gemeinen Schmierlaus (*Phenacoccus aceris*): vgl. Abb 86, 116
- Blattfraß durch Schmetterlingsraupen (z. B. Ahorneule, *Acronicta aceris*: Abb. 18b; Ringelspinner, *Malacosoma neustria*: Abb. 190; Schwammspinner, *Lymantria dispar*: Abb. 316)
- Blattfraß an jungen Blättern durch Maikäfer (*Melolontha*-Arten) vgl. Abb. 210

- **an Ästen, am Stamm**
- Absterben von Trieben und Ästen, auch junger Bäume durch Pilzinfektion (*Verticillium alboatrum*): Abb. 63
- Astwelke, Rindennekrosen und Absterbeerscheinungen durch Pilzinfektion, »Rindenkrebs«, »Kastaniensterben« (*Cryphonectria parasitica*): Abb. 65
- Rindennekrose und Zweigsterben durch Pilzinfektion *(Cryptodiaporthe castanea)*: dunkle Fruchtkörper (Perithecien) in Gruppen durch die Epidermis brechend (Lupe), im Inneren Sporenschläuche mit zweizelligen Ascosporen (Mikro); *Diplodina*-Nebenfruchtform mit einzelligen, spindelförmigen Konidien

- **an Wurzeln/Stammbasis**
- Rindennekrosen an Stammbasis, unter der Rinde braunviolette Verfärbung des Kambiums und des Splintholzes durch Pilzinfektion, »Tintenkrankheit« (*Phytophthora cambivora*): vgl. Abb. 41
- Wurzelkropf durch Bakterieninfektion (*Agrobacterium tumefaciens*): vgl. Abb. 69

Abb. 63: Blatt- und Triebwelke, Absterben von Ästen durch Pilzinfektion (*Verticillium alboatrum*)

EM: plötzliche Welke und Verbräunung der Blätter; Absterben einzelner Äste, auch junger Bäume; bräunliche Verfärbung im Gefäßbündelbereich (vgl. Abb. 330)

VM: andere Pilzinfektionen, z.B. durch *Cryphonectria parasitica* (Abb. 65); Spätfrostschaden

BK: befallene Äste frühzeitig abnehmen; junge Pflanzen roden

Abb. 64: Blattfleckung durch Pilzinfektion (*Phloeospora castanicola*)

EM: auf zunächst noch grünen Blättern zahlreiche, kleine, dunkelbraune Flecke, teilweise zusammenfließend; blattunterseits kissenförmige Fruchtkörper (Lupe) mit zylindrischen, drei- bis fünfzelligen Konidien (Mikro); vorzeitige Vergilbung; oft epidemisch auftretend; im folgenden Frühjahr auf den abgefallenen Blättern Entwicklung der Hauptfruchtform (*Mycosphaerella castanicola*)

VM: andere Pilzarten (s. Literatur)

BK: meist nicht erforderlich

Abb. 65: Blattwelke, Rindensterben durch Pilzinfektion (*Cryphonectria parasitica*), »Kastanienrindenkrebs«

EM: Blätter einzelner Äste welken, Äste sterben ab (a); Rinde verfärbt sich rötlich und reißt auf (b); unter der Rinde gelbe Myzelmatten; orangerote Fruchtkörper aus der Rinde hervorbrechend (c, Lupe)

VM: Spätfrostschäden; *Verticillium alboatrum* (Abb. 63); *Cryptodiaporthe castanea* (s. Übersicht)

BK: Krebsstellen ausschneiden; Inokulation der Befallsstellen mit hypovirulenten Pilzstämmen; stark erkrankte Bäume roden; Beratung durch PSD

Chamaecyparis (Scheinzypresse)

- **an Nadeln, Trieben, Zweigen**
- Vergilbung älterer Nadeln durch Magnesium-Mangel: Abb. 68
- Nadelverfärbung in Kniehöhe durch extreme Hitzeeinwirkung: vgl. Abb. 306
- Nadelverbräunung und Triebsterben durch Streusalzeinwirkung besonders auf straßenzugewandter Seite: vgl. Abb. 308
- Verbräunung und Triebsterben nach Trockenperioden oder durch normale Alterung: vgl. Abb. 309
- fahlgrüne, später braune Nadelverfärbung, Absterbeerscheinungen an Wurzeln durch Pilzinfektion (*Phytophthora cinnamomi*): Abb. 66; s. auch Stammbasis, Wurzeln
- Verbräunung und Triebsterben durch Pilzinfektion (z. B. *Botrytis cinerea*: vgl. Abb. 277; *Pestalotiopsis funerea*: vgl. Abb. 278)
- kleine, schwärzliche Fruchtkörper an verbräunten Triebspitzen durch Pilzentwicklung (*Kabatina thujae*), meist in Verbindung mit Thujaminiermotten-Befall: vgl. Abb. 126
- Zweigsterben durch Pilzinfektion (*Phomopsis juniperovora*): vgl. Abb. 123
- Nadelverfärbung und Nadelverluste, Milben mit Spinnfäden durch Befall von Nadelholzspinnmilbe (*Oligonychus ununguis*): vgl. Abb. 158
- Vergilbung und Vertrocknung von Ästen durch Schildläuse mit weißem Schild (*Carulaspis*-Arten): vgl. Abb. 128
- Saugschäden an Trieben und Ästen durch Zypressenrindenlaus (*Cinara cupressi*): vgl. Abb. 7
- Absterben von Triebspitzen durch Thujaminiermotten-Befall (*Argyresthia thuiella*): Abb. 304
- Triebsterben mit Fraßspuren (Ringelung) an der Rinde durch Käfer-Befall (Gefurchter Dickmaulrüssler: *Otiorhynchus sulcatus*): Abb. 67, 295

- **am Stamm**
- längsverlaufende Risse besonders auf sonnenexponierter Stammseite, später mit Überwallungswülsten durch Frosteinwirkung: vgl. Abb. 21
- Verkümmern und Absterben von Stamm und Ästen; Bohrmehlauswurf; Fraßgänge unter der Rinde durch Käfer-Befall (Zweifarbiger Thujaborkenkäfer: *Phloeosinus aubei*): s. unter *Thuja*

- **an Stammbasis, Wurzeln**
- Verfärbung durch knotenartige Wucherungen an Wurzeln durch Bakterien-Infektion (*Agrobacterium tumefaciens*): Abb. 69
- Wurzelfäule sowie Verfärbung des Rindengewebes an Stammbasis; Absterben von Ästen oder ganzer Pflanzen durch Pilzinfektion (*Phytophthora cinnamomi*): Abb. 66
- Wurzelverbräunung, Kümmerwuchs durch freilebende Wurzelnematoden (Nematodennachweis durch Fachleute)
- knotenförmige Anschwellungen an Feinwurzeln durch Wurzelgallenälchen

Abb. 66: Nadelverfärbung und Absterbeerscheinungen durch Pilzinfektion (*Phytophthora cinnamomi*)

EM: fahlgrüne, später bräunliche Verfärbung und Absterben von Jungpflanzen (a, links) oder einzelner Äste durch Wurzelfäule; Ausbreitung der Fäule in den oberen Stamm (b, Stammanschnitt)

VM: Frost-, Trockenschäden; andere Pilzarten (Pilznachweis durch Fachmann)

BK: in Anzuchtgärten Entseuchung aller Kultureinrichtungen; Tauchverfahren bei Containerpflanzen

Abb. 67: Triebsterben durch Käfer-Befall (Gefurchter Dickmaulrüssler: *Otiorhynchus sulcatus*)

EM: an Trieben Nageschäden oder Ringelung der Rinde durch 1 cm langen, oberseits gekörnten, nachtaktiven Käfer; Kümmerwuchs durch Fraß an Wurzeln durch engerlingsartige Larven (Abb. 295b)

VM: *Phomopsis juniperi* (Abb. 123); Miniermotten-Befall (Abb. 124)

BK: Käfer absammeln; biologische Bekämpfung der im Boden befindlichen Larven mit insektenparasitären Nematoden; PSD-Beratung

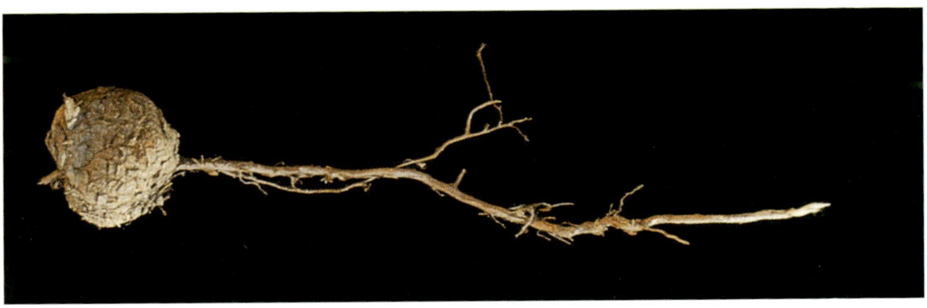

Abb. 68: oben: Nadelvergilbung durch Magnesium-Mangel

EM: gelbe Verfärbung von älteren zu jüngeren Nadeljahrgängen fortschreitend, jüngster Nadeljahrgang grün; chemische Analyse

VM: anderer Nährstoffmangel (Abb. FAW); *Agrobacterium tumefaciens* (Abb. 69)

BK: Bodenverbesserung durch entsprechende Dünger (z. B. Bittersalz); ausreichende Wasserversorgung

Abb. 69: unten: Fahlgrüne Verfärbung im Kronenbereich durch Bakterieninfektion an den Wurzeln (*Agrobacterium tumefaciens*), »Wurzelkropf«

EM: knotige Wucherungen an Wurzeln, Entstehung größerer Krebsformen, Wurzeln sterben ab; Bakteriennachweis durch Fachleute

VM: Magnesium-Mangel (Abb. 68)

BK: Verletzungen im Wurzelbereich vermeiden (Wundparasit); erkrankte Bäume mit Wurzeln roden (großer Wirtskreis, gefährlich für viele Pflanzenarten)

Cornus (Hartriegel)

• an Blättern, Blüten

- chlorotische Ringfleckung und Linienmuster durch Virusinfektion (z. B. Kirschenblattrollvirus): vgl. Abb. 268
- weißlicher Überzug oder fleckenartiger Belag durch Echte Mehltaupilze (*Microsphaera tortilis*: Myzel überwiegend blattunterseits, anfangs mit stiftförmigen Konidenträgern und einzeln gebildeten Konidien, später dunkle, rundliche Kleistothecien mit auffallend langen, unverzweigten Anhängseln; *Phyllactinia guttata*: vgl. Abb. 45, 102)
- braunrötliche Blattfleckung durch Pilzinfektion (*Septoria cornicola*): Abb. 70
- Deformation der Blätter mit nach oben eingerolltem Blattrand durch Gallmilben-Befall (*Phyllocoptes depressus*): Abb. 71
- Blattdeformation durch Blattläuse: (z. B. *Anoecia corni*: Läuse hellgelb bis gelblichbraun, blattunterseits): vgl. Abb. 231
- Fraßspuren an Blüten durch Raupen der Gespinstmotte (*Argyresthia arcella*)
- Fraß an Blättern durch freifressende Schmetterlingsraupen (z. B. Goldafter: Abb. 18a; Kleiner Frostspanner: Abb. 18c)
- Buchtenfraß durch Dickmaulrüssler (häufigste Art: *Otiorhynchus crataegi*): vgl. Abb. 295

• an Trieben, Ästen, Stamm

- Saugschäden durch kolonienbildende Schildläuse (*Pulvinaria regalis*: vgl. Abb. 29; *Lepidosaphes ulmi:* vgl. Abb. 188)
- Rindennekrose, Triebsterben; auf toter Rinde stecknadelkopfgroße, rote Fruchtkörper durch Pilzinfektion (*Nectria*-Arten): vgl. Abb. 19

Abb. 70: Blattfleckung durch Pilzinfektion (*Septoria cornicola*)

EM: oberseits rötlichgraue, im Zentrum verblassende Flecke mit dunkelviolettem Rand; Konidien mehrzellig, zylindrisch (Mikro)

VM: andere Pilzinfektionen (z. B. *Phyllosticta cornicola*: Konidien einzellig); Differenzialdiagnose an Hand mikroskopischer Merkmale

BK: nicht erforderlich

Abb. 71: Blattdeformation durch Gallmilben-Befall (*Phyllocoptes depressus*)

EM: Blattflächen missgebildet, gekrümmt, oft verfärbt; Rand wellig, fast gekerbt, verdickt, nach oben eingerollt; auf Blattinnenseite Gallmilben ähnlich Abb. 298 b

VM: keine

BK: nicht erforderlich

Corylus (Hasel)

- **an Blättern, Knospen, Blüten**
- – Blattfaltung, Blattwölbung nach oben durch mangelnde Wasserversorgung bei Baumhasel (*Corylus colurna*)
- – chlorotische Fleckung, Ringmuster und Adernbänderung durch Virusinfektion
- – weißlichgrauer Überzug blattunterseits mit kugeligen Pilzfruchtkörpern (Lupe) von Echtem Mehltaupilz (*Phyllactinia guttata*): vgl. Abb. 45, 102
- – bräunliche, rundliche Blattflecke mit dunklem Rand durch Pilzinfektion (*Asteroma coryli*): vgl. Abb. 34
- – weiße Kolonien von Schmierläusen (*Phenacoccus aceris*): vgl. Abb. 86, 116
- – Knospendeformation durch Gallmilben-Befall (*Phytoptus avellanae*): Abb. 72
- – angeschwollene Blütenkätzchen mit vergrößerten Schuppen und weißen, springenden Larven von Gallmücken (*Contarinia coryli*)
- – silbrige Sprenkelung durch Zwergzikaden-Befall: vgl. Abb. 16, 58
- – Blattdeformation mit aufreißenden Stichstellen durch Blind- oder Weichwanzen-Befall (*Phylus coryli*): Abb. 74
- – Blattkräuselung, glänzende Honigtauflecken blattoberseits, unterseits grünliche Blattläuse (z. B. Haselnusslaus: *Corylobium avellanae*): Bestimmung durch Fachleute
- – Blattfraß durch Schmetterlingsraupen (z. B. Ahorneule: Abb. 18b; Kleiner Frostspanner: Abb. 18c)
- – Blattrolle durch Befall von Wicklerraupen (*Batodes angustioranus*): Abb. 73
- – Blattwickel durch Rüsselkäfer-Befall (Schwarzer Birkenblattroller: *Deporaus betulae*): vgl. Abb. 40
- – Fenster- oder Lochfraß durch Käfer-Befall (z. B. Blauer Erlenblattkäfer: vgl. Abb. 38; Silbergrüner Laubholztrüssler: Abb. 75)

- **an Trieben**
- – Saugschäden durch Napfschildläuse (z. B. Haselschildlaus, *Eulecanium tiliae*: Schilde halbkugelig gewölbt, glänzend braun, 3 bis 5 mm lang und breit, bis 5 mm hoch, an geschwächten Trieben und Ästen, polyphag): vgl. Abb. 299

- **an Ästen, am Stamm**
- – krebsartige Wunden, Absterben von Ästen durch Pilzinfektion (*Stereum rugosum*): Abb. 76
- – Fraßgänge im Splint mit Larven von Prachtkäfer (*Agrilus subauratus*) oder Splintkäfer (*Scolytus*-Arten); BK: befallene Pflanzenteile oder Sträucher entfernen (Obstbaumschädlinge)

Abb. 72: Knospendeformation durch Haselnussknospengallmilbe (*Phytoptus avellanae*)

EM: stark vergrößerte, deformierte Knospen (hier an *Corylus colurna*), Gallmilben (Mikro); nicht selten sekundärer Befall durch Haselnusswickler (*Epiblema penkleriana*) mit Fraßschaden im Inneren durch blassgrüne Raupe (Pfeil)
VM: keine
BK: befallene Triebe im Frühjahr entfernen

Abb. 73: Blattfraß durch Wicklerraupe (*Batodes angustioranus*)

EM: vom Rand her zusammengesponnene Blätter (Blattrolle) mit grünlicher, braun- oder grünköpfiger, 15 mm langer Raupe; später hellbraune, festgesponnene Puppe (im Bild beide aus Blattrolle isoliert); kleiner Schmetterling mit dachförmig zusammengestellten, bräunlichen Flügeln; polyphager Schädling (vgl. auch Abb. 209c)
VM: andere Wicklerarten
BK: nicht erforderlich

Abb. 74: Saugschäden durch Weichwanzen (z. B. *Phylus coryli*)

EM: Deformation von Blättern und Triebspitzen, mit nekrotisierten, aufreißenden, braunen Stichstellen; bis 6 mm lange, ovale Insekten (a, Larven hell; b, Adulte bräunlich, geflügelt)
VM: andere Wanzenarten; Differenzialdiagnose durch Fachleute
BK: nicht erforderlich

Abb. 75: Fraßschäden durch Silbergrünen Laubholzrüssler (*Phyllobius argentatus*)

EM: Loch- bis Skelettierfraß durch metallisch-goldgrün glänzende, 3,5 bis 6 mm lange Käfer; Larven fressen an Wurzeln; Vorkommen auch an anderen Laubbaumarten
VM: Schadbild: mit anderen Käferarten und Schmetterlingsraupen (s. Übersicht); Käfer: mit anderen *Phyllobius*-Arten
BK: nicht erforderlich

Abb. 76: Stammdeformation und Holzfäule durch Pilzinfektion (Runzeliger Schichtpilz: *Stereum rugosum*)

EM: krebsartige Stammverdickungen (Bild); Holzzerstörung (»Weißstreifigkeit des Holzes«), auch saprophytisch auf dürren Ästen; Fruchtkörper auf abgestorbener Rinde, flach bis höckerig, krustenförmig, orangegrau bis hellocker, jung mit weißem Rand, bei Verletzung schwach rötend; auf zahlreichen anderen Laubbaumarten

VM: andere Schichtpilze (s. Literatur)

BK: befallene Äste entfernen

Cotoneaster (Zwergmispel)

- **an Blättern, Knospen**
- gelblich-rötliche Blattverfärbung im Sommer durch anhaltende Trockenheit
- rundliche, unterseits vorgewölbte, rötliche Blattflecke durch Rostpilzinfektion (*Gymnosporangium fusisporum*: vgl. Abb. 202); BK: erkrankte Triebe und Blätter entfernen, keine Anpflanzung von *Juniperus*-Arten in unmittelbarer Umgebung von Zwergmispel (Wirtswechsel!)
- Verbräunung von Blüten und Blättern durch Bakterieninfektion (*Erwinia amylovora*): Abb. 77
- rötlichbraune Blattfleckung, vorzeitiger Blattfall durch Pilzinfektion (*Diplocarpon mespili*): vgl. Abb. 79
- gelblichgrüne bis bräunliche, blattunterseits stärker hervortretende Pockengallen durch Gallmilben-Befall (*Aceria aroniae*)
- Blattverfärbung und Vertrocknung an trockenen Standorten durch Spinnmilben-Befall (Obstbaumspinnmilbe: *Panonychus ulmi*): vgl. Abb. 257
- Blattfraß durch freifressende Schmetterlingsraupen (Ringelspinner: vgl. Abb. 190; Frostspanner: vgl. Abb. 18c)
- Blattfraß durch Raupen in Gespinsten (Weißdornmotte: *Scythropia crataegella*): s. unter *Crataegus*
- Buchtenfraß am Blattrand durch Dickmaulrüssler (*Otiorhynchus*-Arten): vgl. Abb. 295

- **an Trieben, Ästen**
- Triebwelke und Vertrocknung besonders an bodenbedeckenden Sorten durch Frosteinwirkung
- Zweigwelke und Verdorren (»Feuerbrand«) durch Bakterieninfektion (*Erwinia amylovora*): Abb. 77
- Triebsterben an geschwächten Pflanzen durch Pilzinfektion (*Phomopsis cotoneastri*): Abb. 78
- halbkugelige Anschwellungen an Ästen; schwärzliche Läuse mit weißen Wachsausscheidungen (Blutlaus: *Eriosoma lanigerum*): vgl. Abb. 201
- Kolonien der Gemeinen Napfschildlaus (*Parthenolecanium corni*): vgl. Abb. 299
- Rinden- und Wurzelfraß an unterirdischen Teilen durch Larven von Dickmaulrüssler (z. B. *Otiorhynchus sulcatus*): vgl. Abb. 295

Abb. 77: »Feuerbrand« durch Bakterieninfektion (*Erwinia amylovora*)

EM: oft sehr schnelles Welken und Verdorren von Trieben, Ästen oder Sträuchern; Blätter wirken wie verbrannt; Bakteriennachweis durch Fachleute

VM: Triebsterben durch Pilzinfektion (*Phomopsis cotoneastri*, Abb. 78); Frostschäden

BK: meldepflichtige Krankheit! Kranke Pflanzen umgehend beseitigen (PSD-Beratung); in öffentlichen Anlagen Verzicht auf Anpflanzung anfälliger *Cotoneaster*-Sorten; gefährlicher Krankheitserreger im Obstbau

Abb. 78: Triebsterben durch Pilzinfektion (*Phomopsis cotoneastri*)

EM: Absterben von Triebspitzen; Rindennekrose, Blattrandnekrose, Blattvertrocknung; in der Rinde linsenförmige, dunkle Pyknidien mit elliptischen und fadenförmigen Sporen (Mikro); nur an geschwächten Pflanzen

VM: Feuerbrand (Abb. 77); Frostschäden (Differenzialdiagnose durch Fachleute)

BK: befallene Triebe entfernen; Wachstumsbedingungen verbessern

Crataegus (Weißdorn, »Rotdorn«)

- **an Blättern, Knospen, Blüten, Früchten**
- weiße Überzüge durch Echte Mehltaupilze (*Podosphaera clandestina* var. *clandestina*: im Frühjahr auf beiden Blattseiten und an Trieben; Blattdeformation; *Phyllactinia guttata*: im Spätsommer nur blattunterseits): vgl. Abb. 45, 102
- olivschwarze Blattfleckung, schwarze Beläge auf Früchten durch Schorfpilzinfektion (*Venturia crataegi*): vgl. Abb. 146
- gelbe Blattfleckung und deformierte Früchte mit pinselförmigen Sporenbehältern durch Rostpilzinfektion (*Gymnosporangium clavariaeforme*): Abb. 83
- Blattteile schwarzbraun, vertrocknet, mit silbergrauem, schimmelartigem Überzug durch Pilzinfektion (*Monilinia johnsonii*): vgl. Abb. 280
- kleine, meist zahlreiche, braune Blattflecke; Blattdürre und vorzeitiger Blattfall durch Pilzinfektion (*Diplocarpon mespili*): Abb. 79
- braune, eckige Blattflecke durch Pilzinfektion; blattoberseits Acervuli mit zweizelligen, spindelförmigen Sporen (*Myriellina cydoniae*): vgl. Abb 79
- weißliche Blattsprenkelung durch Zwergzikaden-Befall (*Edwardsiana crataegi*, *E. rosae*): vgl. Abb. 245
- Blattverfärbung durch Spinnmilben-Befall (*Panonychus ulmi*: Bräunung vorzeitig abfallender Blätter, Milben ohne seidige Gespinste; *Tetranychus urticae*: chlorotisch gesprenkelte, vertrocknende Blätter, Milben in seidigen Gespinsten, vgl. Abb. 257)
- Deformation von Triebspitze und jungen Blättern durch Blattsauger-Befall (Weißdornblattfloh: *Psylla melanoneura*): ähnlich Buchsbaumblattfloh Abb. 56b
- rote Blattfleckung, blasenartige Blattdeformation durch Blattlaus-Befall (Weißdornblattlaus: *Dysaphis crataegi*): Abb. 80
- an Blättern und Trieben Kolonien der honigtaubildenden Grünen Apfelblattlaus (*Aphis pomi*): Hemmung des Triebwachstums, Blätter eingerollt, gestaucht
- pockenartige, grünliche, kleine Blattgallen durch Gallmilben-Befall (Weißdornpockenmilbe: *Eriophyes crataegi*): Abb. 81
- Blattfraß durch Weißdornmotte (*Scythropia crataegella*): Raupen gesellig in Gespinsten, oft Kahlfraß; Raupen 12 bis 15 mm lang, rotbraun mit weißlichen Körperhaaren; Falter silbrigweiß, aschgrau gezeichnet
- Blattfraß durch freifressende Schmetterlingsraupen (Ringelspinner: Abb. 190; Goldafter: Abb. 18a; Kleiner Frostspanner: Abb. 18c)

- **an Trieben, Zweigen**
- Zweigwelke und Blattbräune (»Feuerbrand«) durch Bakterieninfektion (*Erwinia amylovora*): Abb. 82

- **am Stamm**
- außen am Stamm Bohrlöcher, unter der Rinde zickzackartige Fraßgänge durch Prachtkäfer-Befall (*Agrilus sinuatus*): Abb. 79c

Abb. 79: Blattsprenkelung durch Pilzinfektion (*Diplocarpon mespili*), »Entomosporium-Blattbräune«

EM: zahlreiche kleine, oft zusammenfließende, rotbraune Flecke blattoberseits (a); starker Befall führt zu vorzeitiger Entlaubung (b); Trockenheit fördert die Erkrankung; Fruchtkörper der Konidienform (*Entomosporium mespili*) blattoberseits; als Folgeerscheinung Prachtkäfer-Befall (*Agrilus sinuatus*) mit zickzackartigen Fraßgängen unter der Rinde (c)

VM: andere Pilzarten: z. B. *Myriellina cydoniae*: eckige, 2 bis 5 mm große, dunkelbraune Flecke; blattoberseits Acervuli; bevorzugt an Weißdorn-Hecken

BK: sorgfältiges Entfernen der am Boden liegenden Blätter; bei Laubausbruch mehrmalige Behandlung mit einem für pilzliche Blattfleckenerreger zugelassenen Mittel; bei wiederholtem Befall Kronenrückschnitt

Abb. 80: Blattfleckung, Blattdeformation durch Blattlaus-Befall (Weißdornblattlaus: *Dysaphis crataegi*)

EM: bereits ab Ende April dunkelrote Verfärbung blasenartig gewölbter Blattpartien; blattunterseits schwärzliche, mit weißem Wachs bestäubte Läuse (Lupe); geflügelte Läuse wandern auf wilde und kultivierte Möhre ab (Wurzelbefall)
VM: andere Blattlausarten
BK: nicht erforderlich

Abb. 81: Blattfleckung, pockenartige Gallen durch Gallmilben-Befall (Weißdornpockenmilbe: *Eriophyes crataegi*)

EM: pockenartige, hellgrüne, später dunkle Erhebungen auf Blattober- und -unterseite; im Inneren Gallmilben (Mikro)
VM: Weißdorngallmücke (*Dasineura crataegi*): an Triebspitze rosettenartige, schwarz werdende Gallen; blattoberseits rote Auswüchse, im Inneren orangefarbene Mückenlarven (Lupe)
BK: nicht erforderlich

Abb. 82: »Feuerbrand« durch Bakterieninfektion (*Erwinia amylovora*)

EM: oft sehr schnelles Welken und Verdorren hakenförmig gekrümmter Triebspitzen bei Weißdorn und »Rotdorn«; Blätter wirken wie verbrannt; Bakteriennachweis durch Fachleute

VM: Trockenschäden

BK: meldepflichtige Krankheit! Kranke Pflanzen umgehend entfernen. PSD-Beratung

Abb. 83: Blattfleckung, Deformation von Früchten durch Rostpilzinfektion (*Gymnosporangium clavariaeforme*), »Weißdornrost«

EM: auf Blättern gelbe, später braunrote Flecke; auf Blättern und verdickten Früchten 2 bis 3 mm hohe, faserig zerschlitzte, hellbraune Äcidien; Wirtswechsel mit *Juniperus*-Arten (Abb. 125)

VM: *Gymnosporangium confusum*: Flecke nur auf Blättern

BK: räumliche Trennung von *Crataegus* und *Juniperus*

Euonymus (Spindelbaum)

• an Blättern

- chlorotische Fleckung und Scheckung durch Virusinfektion (Erdbeerringfleckenvirus, Spindelbaummosaikvirus)
- weißlicher Belag oder Fleckung durch Echte Mehltaupilze: auf *Euonymus europaeus* mit Blattkrümmung nach innen durch *Microsphaera euonymi*; auf *Euonymus japonica* ohne Blattrollung durch *Oidium* sp.: vgl. Abb. 204
- orangefarbene Sporenlager an Blattadern und -stielen durch Rostpilzinfektion (*Melampsora euonymi-caprearum*): vgl. Abb. 258
- Blattrandrollung durch Gallmilben-Befall (*Eriophyes convolvens*): Abb. 84
- punktförmige, gelbliche Blattfleckung, ockerfarbene Schilde durch Schildlaus-Befall (Spindelbaumschildlaus: *Chionaspis euonymi*): vgl. Abb. 299
- Blattfleckung, Blattkräuselung durch Schmierlaus-Befall (Gemeine Schmierlaus: *Phenacoccus aceris*): Abb. 86
- Blattkräuselung durch Blattlaus-Befall (Bohnenlaus: *Aphis fabae*): Abb. 85
- Fraßschäden durch kolonienbildende Gespinstmotten (Spindelbaumgespinstmotte: *Yponomeuta cognatella*): Abb. 87

Abb. 84: Blattdeformation durch Gallmilben-Befall (Spindelbaum-Blattrandmilbe: *Eriophyes convolvens*)

EM: Blattränder eng nach oben gerollt, oft rötlich verfärbt; Milbennachweis (Mikro)

VM: keine

BK: in der Regel nicht erforderlich; bei jährlich sich wiederholendem Befall Behandlung mit einem für saugende Insekten zugelassenen (vorzugsweise ölhaltigen) Mittel

Abb. 85: Blattkräuselung durch Blattlaus-Befall (Schwarze Bohnenlaus: *Aphis fabae*), hier an *Euonymus europaea*

EM: Blätter der Triebspitze deformiert, eingerollt (a); blattunterseits 1 bis 3 mm große, blauschwarze bis dunkelgraugrüne, ungeflügelte Läuse (b), teilweise mit weißen Wachsflecken; kolonienbildend

VM: Blattrollung durch Mehltaupilze (Lupe); andere Blattlausarten

BK: bei wiederholtem Befall frühzeitige Behandlung mit einem für Blattläuse bei Zierpflanzen zugelassenen Mittel

Abb. 86: Blattkräuselung durch Schmierlaus-Befall (Gemeine Schmierlaus: *Phenacoccus aceris*)

EM: an deformierten Blättern und Triebspitzen gelbe Saugstellen mit weißlichen Läusekolonien; Läuse 4 bis 5 mm lang, mit grauweißem, pulvrigem oder fädigem Sekret bedeckt; Eiablage in großen, bis zu 10 mm langen, schneeweißen Eisäckchen (Abb. 116); polyphag

VM: Schildlaus-Befall (z. B. *Chionaspis euonymi*, s. Übersicht)

BK: bei wiederholtem Befall frühzeitige Behandlung mit einem für Schildläuse zugelassenen (vorzugsweise ölhaltigen) Mittel

Abb. 87: Kahlfraß durch Gespinstmotten (Spindelbaumgespinstmotte: *Yponomeuta cognatella* u. a. Arten)

EM: im Frühjahr Einbohren von Räupchen in Knospen oder junge Blätter; nach Minierfraß an älteren Blättern Skelettierfraß unter Gespinstschleier (a); an Triebenden große Gespinste mit bis zu 1000 Raupen (2 cm lang, gelblich, schwarz punktiert); ab Juni auch mit Kokons (b)

VM: andere Schmetterlingsraupen

BK: Nester ausschneiden und verbrennen; bei starkem Befall biologische Bekämpfung mit *Bacillus thuringiensis* oder Behandlung mit einem für Gespinstmotten zugelassenen (vorzugsweise ölhaltigen) Mittel

Fagus (Buche)

• an Blättern, Knospen

- Blattrandnekrose und Verdorren der Blattränder durch Trockenheit: Abb. 88
- chlorotische Verfärbung der Blattspreiten mit grün gesäumten Adern durch Magnesium-Mangel: Abb. 89
- braunviolette Blattsprenkelung durch abiotische Faktoren: Abb. 90
- chlorotische Fleckung, Kleinblättrigkeit, bei älteren Bäumen Kronenverlichtung und Degeneration durch Virusinfektion (Kirschenblattrollvirus): Abb. 91
- Kleinblättrigkeit nach Wurzelschädigung durch Riesenporling (*Meripilus giganteus*): vgl. Abb. 98; s. Wurzeln/ Stammbasis
- weißer Überzug durch Echten Mehltaupilz (*Phyllactinia guttata*): vgl. Abb. 45
- Blattfleckung durch Pilzinfektion (*Apiognomonia errabunda*): Abb. 96
- Blattgallen durch Gallmücken- oder Gallmilben-Befall: Abb. 94
- weißliche Sprenkelung durch Zikaden-Befall (*Fagocyba cruenta*): vgl. Abb. 16
- Blattkräuselung, Blattrandbräune, Läuse mit weißen Wachsausscheidungen durch Buchenblattlaus-Befall (*Phyllaphis fagi*): Abb. 92
- Blattbräune durch Buchenspringrüssler-Befall (*Rhynchaenus fagi*): Abb. 95
- ovale Blattminen durch Faltenmotten-Befall (*Phyllonorycter maestingella*): Abb. 93
- Blattfraß durch Schmetterlingsraupen (z. B. Eichenwickler: Abb. 208a; Kleiner Frostspanner: Abb. 18c; Schlehenspinner: Abb. 191; Schwammspinner: Abb. 316)
- Blattfraß an jungen Blättern durch Feldmaikäfer (*Melolontha melolontha*): Abb. 210

• an Ästen, am Stamm

- Absterben und Aufreißen der Rinde durch Sonnenbrand: Abb. FAW
- Rindennekrosen an jungen bzw. krebsartige Wunden an älteren Ästen mit kugeligen, rötlichen Fruchtkörpern durch Pilzinfektion, »Buchenkrebs« (*Nectria ditissima*): vgl. Abb. 113a
- Läusekolonien mit weißen Wachsausscheidungen von Buchenwollschildlaus (*Cryptococcus fagisuga*): Abb. FAW
- Absterbeerscheinungen durch Weidenbohrer-Befall (*Cossus cossus*): Abb. 266
- Weißfäule im Stamm; auf der Rinde konsolenförmige, graubraune Fruchtkörper von Echtem Zunderschwamm (*Fomes fomentarius*): vgl. Abb. 54

• an Wurzeln/Stammbasis

- Weißfäule im unteren Stammbereich durch Wulstigen (*Ganoderma adspersum*) oder Flachen Lackporling (*Ganoderma lipsiense*): Abb. 97
- Weißfäule im Stammfuß und in Wurzeln älterer Bäume; am Boden Fruchtkörper von Riesenporling (*Meripilus giganteus*): Abb. 98
- Weißfäule am Stammfuß durch Brandkrustenpilz (*Ustulina deusta*): Abb. 99
- Rinden- und Wurzelschäden durch Hallimasch-Befall: vgl. Abb. 165

Abb. 88: Blattrollen und Blattranddürre durch Wassermangel

EM: Blattrollen; braune Blattrandverfärbung mit Ausdehnung bis zur Blattmitte; Vertrocknung bei anhaltender Hitze und Trockenheit

VM: Streusalzeinwirkung (vgl. Abb. 25); Kalium-Mangel (vgl. Abb. 24)

BK: nach chemischer Boden- und Blattanalyse ausgeglichene Nährstoffversorgung und ausreichende Wasserzufuhr

Abb. 89: Blattverfärbung durch Magnesium-Mangel

EM: Vergilbung der Interkostalfelder; Hauptader und Basis der Seitenadern grün gesäumt; besonders an Jungbäumen auf versauerten Böden

VM: Eisen/Mangan-Mangel: netzfleckige, später zusammenfließende Chlorose; zur Differenzialdiagnose chemische Analyse

BK: Bodenverbesserung durch gezielte Düngung

Abb. 90: Blattsprenkelung durch abiotische Faktoren

EM: dunkelbraune bis dunkelviolette, sehr kleine, gehäuft vorkommende Flecke blattoberseits auf lichtexponierten Blättern (hier nach Kälteeinbruch und starker Sonnenbestrahlung)

VM: Ozonschäden (Abb. FAW); Virusinfektion (Abb. 91)

BK: nicht erforderlich

Abb. 91: Degeneration durch Virusinfektion (Kirschenblattrollvirus, Trespenmosaikvirus)

EM: bei älteren Bäumen Kronenverlichtung und Aststerben, Stauchung und Wuchsanomalie der Seitentriebe; chlorotische Blattscheckung oder Fleckung, Kleinblättrigkeit, teilweise Blattdeformation (Bild)

VM: Degeneration durch Ursachenkomplex (Abb. FAW); Differenzialdiagnose durch Fachleute

BK: nicht möglich; Viren vermutlich samenübertragbar

Abb. 92: Verfärbung und Deformation durch Buchenblattlaus-Befall (*Phyllaphis fagi*)

EM: im Frühjahr gelblichgrüne Läuse, überwiegend blattunterseits (a), mit weißen Wachsfäden und hellen Honigtautröpfchen (b); Blattdeformation; bei starkem Befall später Blattrandnekrosen (Abb. FAW); kein Wirtswechsel

VM: Trockenschäden (vgl. Abb. 88)

BK: nicht erforderlich

Abb. 93: Blattfleckung durch Miniermotten-Befall (*Phyllonorycter* [*Lithocolletis*] *maestingella*)

EM: aufgewölbte Faltenmine zwischen zwei Blattrippen, anfangs grünlich, später braun (Bild), oberseits weiß punktiert, innen mit grünlicher Raupe; Überwinterung als Puppe in weißen Kokons am Blatt

VM: *Apiognomonia errabunda* (Abb. 96); Buchenspringrüssler (Abb. 95)

BK: nicht erforderlich

Abb. 94: Gallenbildung durch Gallmücken- (a) und Gallmilben-Befall (b,c)

EM: a) Buchengallmücke (*Mikiola fagi*): blattoberseits bis 10 mm lange, zwiebelförmige, glatte, zugespitzte, blassgrünliche oder rötliche Gallen, innen mit weißlicher Larve (Lupe)
b) Blattrandgallmilbe (*Aceria stenaspis stenaspis*): schmale, hellgrüne Blattrandrollung nach oben, innen mit Milben (Mikro)
c) Buchenfilzgallmilbe (*Eriophyes nervisequus*): blattunterseits zwischen Seitenadern unregelmäßige, weißliche oder rötliche Filzrasen mit Milben (Mikro)

Abb. 95: Fraßschaden durch Buchenspringrüssler (*Rhynchaenus fagi*)

EM: Lochfraß von Käfern an jungen Blättern; von der Mittelrippe ausgehende, sich verbreiternde Gangmine der Larve, die zur Vergilbung und Vertrocknung der Blattspitze führt; Abfallen grüner Blätter

VM: Hagelschaden; Pilzinfektion (Abb. 96); Trockenschaden (Abb. 88)

BK: nicht erforderlich

Abb. 96: Blattbräune durch Pilzinfektion (*Apiognomonia errabunda*)

EM: unregelmäßig geformte, zackenartige, braune Flecke, oft von Gallenanlagen ausgehend (hier *Mikiola fagi*); Gallen sterben vorzeitig ab; blattunterseits bräunliche Pilzfruchtkörper der *Discula*-Konidienform; bei starker Infektion Triebsterben

VM: Buchenspringrüssler (Abb. 95); Trockenschaden (Ab. 88)

BK: nicht erforderlich

Abb. 97: Stammbasisfäule durch Infektion holzzerstörender Pilze (a, Wulstiger Lackporling: *Ganoderma adspersum*; b, Flacher Lackporling: *Ganoderma lipsiense*)

EM: Fruchtkörper beider Arten mehrjährig, mit brauner Rinde, braunem Sporenstaub; Schwächeparasiten an älteren Bäumen; a) Fruchtkörper knollenartig, wulstig, mit nichteindrückbarer Kruste; b) Fruchtkörper sehr flach, nierenförmig, mit eindrückbarer Kruste

VM: nur untereinander

BK: nicht möglich; vorbeugend Vermeidung von Rinden- und Wurzelverletzungen

Abb. 98: Wurzelfäule durch Pilzinfektion (Riesenporling: *Meripilus giganteus*)

EM: Kleinblättrigkeit; Absterbeerscheinungen im Wurzelbereich, von dort sich ausbreitende Weißfäule in den unteren Stamm; an Stammbasis oder auf Wurzeln gelbbraune, fächerförmige Pilzfruchtkörper, dachziegelig angeordnet, bis 1 m Umfang; Sporenpulver weiß

VM: andere Porlinge (vgl. Abb. 97, s. auch FAW)

BK: Baumsanierung nicht möglich; bei mehrjährigem Auftreten von Fruchtkörpern Umsturzgefahr! (Beratung durch Gartenämter oder PSD)

Abb. 99: Holzfäule in Stamm und Wurzel durch Brandkrustenpilz (*Ustulina deusta*)

EM: Fruchtkörper krustenartig, flach, anfangs grauweißlich, später schwarz, höckerig, kohleartig-brüchig; gefährlicher Weißfäuleerreger im Wurzel- und Stammbereich, daher Umsturzgefahr (!); auch saprophytisch vorkommend

VM: keine

BK: Verletzungen an Stamm und Wurzeln vermeiden; Baumsanierung nicht möglich; Beratung durch Gartenämter oder PSD

Forsythia (Forsythie)

- **an Blättern, Knospen**
- – chlorotische Fleckung an Blättern durch Virusinfektion (Arabismosaikvirus u. a.)
- – nekrotische Blattfleckung durch Pilzinfektion (graue, dunkelbraun umrandete Flecke beidseitig: *Marssonina forsythiae*; ähnliche Flecke durch *Ascochyta forsythiae*): Differenzialdiagnose an Hand von Sporenmerkmalen (Mikro)
- – Blattverformung, weißlicher, mehlartiger Überzug durch Echten Mehltaupilz (*Sphaerotheca pannosa*): vgl. Abb. 242
- – Welke und Verbräunung von Blüten mit silbergrauem Pilzmyzel (Lupe) durch Grauschimmelinfektion (*Botrytis cinerea*); vgl. Abb. 247
- – Blattdeformation und -bräune; Blattminen mit Raupen der Fliedermotte (*Gracillaria syringella*): vgl. Abb. 109
- – Knospenfraß oder Buchtenfraß an Blättern durch Käfer von Dickmaulrüssler (*Otiorhynchus clavipes* bzw. *O. sulcatus*): vgl. Abb. 295

- **an Trieben, Ästen, Stamm**
- – Sproßanomalien durch Verbänderung, »Fasziation«: vgl. Abb. 263
- – an dünneren Zweigen tumorartige Wucherungen mit warziger Oberfläche durch Bakterieninfektion (*Rhodococcus fascians*): Abb. 100
- – Triebfäule durch Bakterieninfektion (*Pseudomonas syringae*): vgl. Abb. 294
- – Zweigwelke während der Blüte; auf Querschnitt welker Zweige gebräunter Gefäßbündelring durch Pilzinfektion (*Verticillium dahliae*): vgl. Abb. 330
- – Absterben von Stämmen und Ästen, »Rotpustelkrankheit«; auf toter Rinde rote, kugelige Fruchtkörper durch Pilzinfektion (*Nectria cinnabarina*): vgl. Abb. 19
- – Saugschäden an geschwächten Trieben und Ästen durch kolonienbildende Napfschildläuse (z. B. *Parthenolecanium corni*): vgl. Abb. 299
- – Rindenschäden, Absterben von Stämmchen durch Fraß von Wildkaninchen (*Oryctolagus cuniculus*): Abb. 101

- **an Wurzeln**
- – Fraßschäden durch Larven von Dickmaulrüssler (*Otiorhynchus*-Arten): vgl. Abb. 295; s. auch Blätter, Knospen
- – Verbräunungen, Kümmerwuchs durch freilebende Wurzelnematoden (*Pratylenchus-*, *Paratylenchus*-Arten); Diagnose durch Fachmann

Abb. 100: Wucherungen durch Bakterieninfektion (*Rhodococcus fascians*)

EM: rundliche bis gestreckte, tumorartige Gallen mit warziger Oberfläche an der Basis von Jungtrieben; apikal liegende Triebe verkümmern

VM: keine

BK: erkrankte Triebe abschneiden, nicht kompostieren

Abb. 101: Schälschäden durch Wildkaninchen (*Oryctolagus cuniculus*)

EM: am Stammfuß bis 40 cm Höhe ausgedehnte Rindenschäden mit schrägverlaufenden, 5 mm breiten Zahnspuren (Abb. 112b), bei wiederholter, starker Nagetätigkeit oft undeutlich; später Verbräunung der freigelegten Rindenreste bei weiß bleibendem Holz (Bild)

VM: Nageschäden durch Mäuse: Schäden auch höher am Stamm

BK: s. Text Abb. 112

Fraxinus (Esche)

- **an Blättern, Knospen, Blüten**
- – Blattrandnekrosen durch Trockenheit oder Streusalzeinwirkung: vgl. Abb. 8
- – chlorotische Fleckung und Blattdeformation durch Virusinfektion (Kirschenblattrollvirus): Abb. 104
- – weißliche Fleckung oder Überzüge blattunterseits mit kleinen, dunklen Fruchtkörpern durch Echten Mehltaupilz (*Phyllactinia fraxini*): Abb. 102
- – braune Blattfleckung durch Pilzinfektion (*Phoma macrostoma*): Abb. 103
- – kreisförmige, olivgrüne, später bräunliche, aufreißende Flecke durch Gallmücken-Befall (*Dasineura fraxinea*): Abb. 108
- – Blattdeformation durch Blattlaus-Befall (Eschenblattnestlaus, *Prociphilus fraxini*: dichte Nester gekräuselter Blätter durch Blattstielstauchung und -krümmung, an Triebbasis Läuse mit geringer Wachsausscheidung; Eschenzweiglaus, *Prociphilus bumeliae*: lockere Blattnester, Läuse mit starker Wachsausscheidung)
- – kolonienbildende Schmierläuse mit weißem Wachs an Blättern und Zweigen (Gemeine Schmierlaus: *Phenacoccus aceris*): vgl. Abb. 86, 116
- – Einrollen und Verfärbung der Blattränder durch Blattfloh-Befall (Eschenblattfloh: *Psyllopsis fraxini*): Abb. 107
- – Blütendeformation durch Gallmilben-Befall (*Eriophyes fraxinivorus*): Abb. 105
- – Minierfraß durch Larven der Fliedermotte (*Gracillaria syringella*): Abb. 109
- – Blattfraß durch freifressende Schmetterlingsraupen (Goldafter: Abb.18a; Kleiner Frostspanner: Abb. 18c; Schlehenspinner: Abb. 191)
- – Fensterfraß durch Larven von Eschenrüsselkäfer (*Stereonychus fraxini*): Abb. 106

- **an Trieben**
- – Saugschäden durch Schildläuse (z. B. *Lepidosaphes ulmi*): vgl. Abb. 188

- **an Ästen, am Stamm**
- – Rindenschäden durch Fraß der Hornisse (*Vespa crabro*): Abb. 110
- – sichelartig gebogene Rindenrisse durch Zikaden-Befall (*Cicadella viridis*): Abb. 111
- – Nageschäden durch Wildkaninchen (*Oryctolagus cuniculus*): Abb. 112
- – Bildung von Wundleisten nach stammparallelem Astschnitt: vgl. Abb. 23
- – Baumkrebs mit regelmäßigen Überwallungsrändern durch Pilzinfektion (*Nectria galligena*): Abb. 113a
- – gekröseartige Krebswucherungen durch Bakterieninfektion (*Pseudomonas syringae*): Abb. 113b
- – krebsartige, unregelmäßig rissige Überwallungen auf der Rinde (»Käfergrind«) durch Befall von Eschenbastkäfern (*Leperesinus*-Arten): Abb. FAW
- – Weißfäule im Stamm durch Pilzinfektion (Zottiger Schillerporling): vgl. Abb. 178; (Schuppiger Porling): Abb. 114

Abb. 102: Blattfleckung durch Echten Mehltaupilz (*Phyllactinia fraxini*)

EM: blattoberseits chlorotische, später bräunliche Flecke; unterseits weißliche Flecke oder zusammenhängende Myzelüberzüge (a) mit kleinen, gelben, später braunschwarz werdenden Fruchtkörpern (Kleistothecien) mit radiär angeordneten, randständigen, stiftförmigen Anhängseln (b, Lupe); Blattdürre als spät auftretendes Krankheitsbild

VM: Blattrandnekrosen oder braune Flecke durch Trockenheit (vgl. Abb. 88)

BK: nicht erforderlich

Abb. 103: Blattfleckung durch Pilzinfektion (*Phoma macrostoma*)

EM: kastanienbraune, zackenartig geformte, scharf vom grünen Gewebe abgesetzte Flecke; blattoberseits dunkle Fruchtkörper (Lupe)

VM: andere Pilzinfektionen, z. B. *Phyllosticta variegata*: Blattflecke diffus berandet, mit weißlichen Myzelbüscheln (Lupe)

BK: nicht bekannt

Abb. 104: Blattverfärbung und -deformation durch Virusinfektion (Kirschenblattrollvirus)

EM: chlorotische Fleckung und Linienmuster auf jungen, deformierten Blättern; Fadenblättrigkeit; Virusnachweis durch Fachleute

VM: Saugschäden durch Insekten und Gallmilben; unsachgemäße Herbizidanwendung

BK: Therapie nicht bekannt

Abb. 105: Blütendeformation (»Klunkern«) durch Gallmilben-Befall (Eschengallmilbe: *Eriophyes fraxinivorus*)

EM: Blütenstände in höckerige, blumenkohlartige, bräunliche Massen umgebildet; missgebildete Blütenstiele gekrümmt oder bandartig verbreitert; befallene Blütenstände nach Blattfall besonders gut sichtbar
VM: keine
BK: nicht erforderlich

Abb. 106: Fraßschäden durch Eschenrüsselkäfer (*Stereonychus fraxini*)

EM: plätzeweise Fensterfraß blattunterseits (hier im Durchlicht) durch beinlose, grünlichgelbe, 4 mm lange Larven mit schwarzem Kopf; Lochfraß durch 3 mm lange, graubraun bis rotbraun gefärbte Käfer
VM: Fraßschaden durch andere Käfer oder Schmetterlingsraupen
BK: nicht erforderlich

Abb. 107: Blattdeformation und -verfärbung durch Blattfloh-Befall (Eschenblattfloh: *Psyllopsis fraxini*)

EM: Blattränder von Einzelblättchen nach unten eingerollt durch Saugen türkisfarbener, mit weißer Wachswolle bedeckter Larven (Lupe, ähnlich Abb. 56b); eingerollter Teil verdickt, anfangs chlorotisch mit teilweise rotvioletter Adernverfärbung, später braun

VM: Blattrandrollung durch Gallmilben (*Vasates fraxini*): sehr enge, knorpelige Blattrandrollung, Innenseite mit starker Behaarung, Milbennachweis (Mikro)

BK: an jungen Bäumen befallene Blätter entfernen; in Baumschulen Behandlung im Frühjahr mit einem für saugende Insekten (auch Blattläuse) zugelassenen Mittel

Abb. 108: Blattfleckung durch Gallmücken-Befall (*Dasineura fraxinea*)

EM: rundliche, bis 8 mm große Flecke, erst grünlichgelb mit weißer Larve, dann bräunlich mit teilweise herausfallendem, nekrotischen Gewebe; häufig mit Entwicklung saprophytischer Pilze

VM: Blattfleckung durch andere Pilze, z. B. *Spilocaea fraxini*: olivbrauner Myzelrasen (Lupe) mit spindelförmigen, gelblichen Konidien (Mikro)

BK: nicht erforderlich

Abb. 109: Minierfraß durch Raupen der Fliedermotte (*Gracillaria syringella*)

EM: unregelmäßig große, olivgrüne bis hellbraune, vertrocknende, kotgefüllte Platzminen; Blattspitze später tütenförmig verformt (a); innen mit mehreren, bis 8 mm langen, gelblichweißen, durchsichtigen Raupen mit grünlichem Darm (b); Falter goldbraun, mit 10 bis 13 mm Flügelspannweite

VM: Pilzinfektion (Abb. 103)

BK: bei geringem Befall an Jungbäumen Blätter entfernen

Abb. 110: Schälschaden durch Hornisse (*Vespa crabro*)

EM: partielle, bis 40 cm lange, buchtenartige Entrindung von Ästen und Stämmen junger Bäume (a); Wundränder überwallen; apikal liegende Teile können absterben; Hornisse 25 bis 30 mm lang, Kopf und Brust rotbraun, Hinterleib gelb mit braunroten Binden (b)
VM: Fraßschäden durch Mäuse
BK: Beratung durch Naturschutzstellen

Abb. 111: Rindenrisse durch Zikaden-Befall (Grüne Zwergzikade: *Cicadella viridis*)

EM: an jungen Stämmchen sichelförmige Rindeneinschnitte (Ei-Taschen); Zikaden blaugrün oder malachitgrün, 6 bis 9 mm lang; in feuchten Biotopen; auch an anderen weichrindigen Laubbaumarten
VM: keine
BK: Beseitigung von Staunässe; keine weitere Behandlung erforderlich

Abb. 112: Schälschaden durch Wildkaninchen (*Oryctolagus cuniculus*)

EM: am Stammfuß jüngerer Bäume ausgedehnte Rindenschäden, vor allem in schneereichen Wintern (a); schrägverlaufende, ca. 5 mm breite, vierrillige Zahnspuren (b); Schäden auch durch Erdbauten

VM: Nageschäden durch Mäuse

BK: Wildschadenverhütungsmittel; Anbringen von Drahtgeflechten um junge Bäume; Einbinden von Stämmchen mit Kunststoffspiralen oder Reisig

Abb. 113: Rinden- und Holzdeformation durch Pilz- (a) oder Bakterieninfektion (b), »Eschenkrebs«

EM: a) *Nectria galligena*: elliptische, kraterähnliche, offene Krebswunden, umgeben von gleichmäßig ovalen, jährlich neu angelegten Überwallungswülsten; am Rand von Krebswunden stecknadelkopfgroße, rote, kugelige Pilzfruchtkörper (ähnlich Abb. 19c); langjährige Rinden- und Holzerkrankungen; auch an anderen Baumarten
b) *Pseudomonas syringae* subsp. *savastanoi* pv. *fraxini*: aufplatzende Rindenanschwellungen und Ausbildung gekröseartiger, unregelmäßiger Wucherungen durch immer wieder gestörte Wundheilung; Krankheit mehrjährig

VM: Wucherungen (»Käfergrind«) durch Fraß von Eschenbastkäfer (z. B. *Leperesinus varius*): Abb. FAW

BK: keine Minderung der Bruchfestigkeit des Baumes; evtl. erkrankte Äste oder Stämme entfernen

Abb. 114: Weißfäule im Holz durch Pilzinfektion (Schuppiger Porling: *Polyporus squamosus*)

EM: auf der Rinde nieren- oder fächerförmige, blassgelbe oder ockerfarbene, bis zu 50 cm breite Fruchtkörper mit exzentrischem, kurzen Stiel; Hutoberseite mit konzentrisch angeordneten, braunen Schuppen; auf der Unterseite 1 bis 2 mm dicke Röhrenschicht mit blassgelblichen, weiten, eckigen Poren; auch auf Ahorn, Linde, Pappel, Rosskastanie und Walnuss; Wundparasit; Weißfäuleerreger; nach jahrelanger Erkrankung Stamm oft innen hohl (Kleinbild)

VM: Schwefelporling (Abb. 239); Zottiger Schillerporling (Abb. 178)

BK: Baumsanierung nicht möglich; bei jährlich wiederkehrender Fruchtkörperbildung Fällung wegen Stammbruchgefahr

Hydrangea (Hortensie)

- **an Blättern, Knospen, Blüten**
- Blattverfärbung durch Nährstoffmangel (z. B. Kalkchlorose durch Eisenmangel auf kalkhaltigen Standorten): vgl. Abb. 203, 241
- chlorotische oder rotviolette Ringfleckung durch Virusinfektion (Hortensienringfleckenvirus): Abb. 115
- chlorotische oder rötlichbraune Fleckung mit weißlichgrauem, mehlartigem Belag durch Echten Mehltaupilz (*Microsphaera polonica*, meist in der Konidienform *Oidium hortensiae*)
- dunkle Blattfleckung durch Pilzinfektion, z. B. *Phoma exigua*: braune, zonierte, unregelmäßige Flecke; *Septoria hydrangeae*: Flecke rotbraun mit blutrotem Rand; *Botrytis cinerea:* braune, vom Blattrand ausgehende Flecke, Knospen-Trieb- und Blütenfäule (Differenzialdiagnose durch Fachmann)

- **an Trieben**
- Triebfäule durch Grauschimmelinfektion (*Botrytis cinerea*) vgl. Abb. 247
- Triebverdickung und Stauchung durch Stengelälchen-Befall (*Ditylenchus dipsaci*): an Jungpflanzen und Gewächshauskulturen

Abb. 115: Blattfleckung durch Virusinfektion (Hortensienringfleckenvirus), hier an *Hydrangea quercifolia*

EM: an älteren Blättern chlorotische oder (hier) violette Ringfleckung; Stengelnekrosen; geringe Blüte; Symptome oft maskiert; Übertragung durch Pflanzensäfte oder mechanisch durch Pfropfung, nicht durch Blattläuse

VM: keine

BK: virusfreies Vermehrungsgut verwenden; Schnittwerkzeuge sterilisieren

Ilex (Stechpalme)

- **an Blättern**

– gelbe Ringmuster auf Blättern durch Virusinfektion: vgl. Abb. 268
– Blattfleckung durch Pilzinfektion (*Phyllosticta concentrica*: kleine, schwarze, konzentrisch angeordnete Fruchtkörper, vgl. Abb. 300; *Phyllosticta haynaldii*: gelbliche, unregelmäßige, bräunlich bis purpurfarben umrandete Flecke); Differenzialdiagnose durch Fachleute
– eckige, dunkelrote, bis 1,5 mm große Flecke mit rostbraunen Sporenlagern durch Rostpilzinfektion (*Puccinia ilicis*): vgl. Abb. 42
– Blattminen durch Minierfliegen-Befall (*Phytomyza ilicis*): Abb. 117
– Blattrollen durch Blattlaus-Befall (grüne Läuse: *Macrosiphum solanifolii*; schwarzbraune Läuse: *Aphis ilicis*, Abb. 118)
– Saugschäden durch Schmierlaus-Befall (*Phenacoccus aceris*): Abb. 116

- **an Ästen, am Stamm**

– Absterbeerscheinungen mit stecknadelkopfgroßen, roten Pilzfruchtkörpern auf toter Rinde im Winter durch Pilzinfektionen (*Nectria cinnabarina*): vgl. Abb. 19

- **an Wurzeln**

– Wurzelverbräunung, Absterbeerscheinungen durch freilebende Wurzelnematoden

Abb. 116: Saugschäden durch Schmierlaus-Befall (Ahornschmierlaus: *Phenacoccus aceris*)

EM: schildlose, mit feinem Wachs bestäubte Läuse blattunterseits; Eiablage in 8 bis 10 mm langen, schneeweißen Eisäckchen (Bild); auch an anderen Laubgehölzen
VM: andere Schmier- oder Wollläuse (s. Literatur)
BK: Abbrausen mit starkem Wasserstrahl

Abb. 117: Blattfleckung durch Minierfliegen-Befall (Ilexminierfliege: *Phytomyza ilicis*)

EM: von der Mittelrippe ausgehender Plätzefraß; Mine oberseits hellgrün bis hellbraun, stellenweise braunrötlich gefärbt (a); im Inneren gelbweiße, bis 3 mm lange Larve; Verpuppung in der Mine (b); Schlupf der Fliege im Juni durch oberseitiges Ausflugloch

VM: keine

BK: rechtzeitiger Rückschnitt; keine weitere Behandlung erforderlich

Abb. 118: Blattrollen durch Blattlaus-Befall (Ilexblattlaus: *Aphis ilicis*)

EM: oberste Blätter an jungen Trieben eingerollt, umgebogen; auf Trieb und Blattunterseiten rötlichschwarze Läuse; besonders an stark zurückgeschnittenen Büschen mit starker Blattneubildung

VM: keine

BK: zu Befallsbeginn Behandlung mit einem für Blattläuse zugelassenen Mittel

Jasminum (Jasmin)

- **an Blättern, Blüten, jungen Trieben**
  - chlorotische Blattfleckung mit braunen Sporenpusteln durch Rostpilzinfektion (*Puccinia jasmini*); vgl. Abb. 42
  - nekrotische Blattfleckung durch Pilzinfektion (z. B. *Coniothyrium jasmini*: unregelmäßige, braune Flecke mit dunklem Rand; *Phyllosticta jasminicola*: helle, breit zonierte Flecke mit purpurbraunem Rand); BK: befallene Blätter entfernen, ggf. befallene Pflanzenteile zurückschneiden
  - Verfärbung von Trieben; Triebsterben durch Grauschimmelinfektion (*Botrytis cinerea*): Abb. 119

- **an Wurzeln**
  - Wurzelfäule durch Pilzinfektion (*Phytophthora syringae*): vgl. Abb. 296

Abb. 119: Rindennekrosen, Triebsterben durch Grauschimmelinfektion (*Botrytis cinerea*)

EM: anfangs elliptische, violette bis dunkelbraune, im Zentrum weißlich aufhellende Flecke mit dunklem Rand; später triebumfassende Nekrose mit nachfolgender Triebwelke; Infektion erfolgt über frostgeschädigte Blüten; bei hoher Feuchtigkeit silbergraues Myzel (vgl. Abb. 277)

VM: Stecklingswelke durch *Sclerotinia sclerotiorum*: schwarze Sklerotien in weißem Myzel

BK: befallene Triebe entfernen

Juglans (Walnuss)

- **an Blättern, Knospen, Früchten**
– chlorotische Linienmuster, gelbe Fleckung auf Blättern und Früchten durch Virusinfektion (Kirschenblattrollvirus); BK: nicht möglich; nicht als Vermehrungsmaterial verwenden
– weißliche, mehlartige Flecke oder unregelmäßige Überzüge blattunterseits durch Echten Mehltaupilz (*Phyllactinia guttata*): vgl. Abb. 45, 102
– zahlreiche, schwarzbraune, eckige Blattflecke, auch auf Fruchtschale durch Bakterieninfektion (*Xanthomonas campestris* pv. *juglandis*): Abb. 121
– Blattfleckung, Blattbräune, auch Fruchtschalenfäule durch Pilzinfektion (*Marssoniella juglandis*): Abb. 120
– blattoberseits buckelartige, grüne Ausstülpungen, unterseits weißlicher Haarfilz durch Gallmilben-Befall (*Eriophyes erineus*): Abb. 122b
– blattoberseits knötchenartige, gelbrötlich bis bräunlich gefärbte Pusteln durch Gallmilben-Befall (*Aceria tristriata*): Abb. 122a
– Saugschäden durch Schmierlaus-Befall (Gemeine Schmierlaus: *Phenacoccus aceris*) vgl. Abb. 86, 116
– Blattrollung junger Fiederblättchen durch Blattlaus-Befall (Gestreifte Walnusszierlaus, *Callaphis juglandis*: Läuse 3 bis 4 mm, ockergelb, mit dunkelbraunen Querbändern; Kleine Walnussblattlaus, *Chromaphis juglandicola*: Läuse 1,5 mm groß, gelblichweiß, ohne Querbänder)
– Blattfraß durch Schmetterlingsraupen (z. B. Ahorneule: Abb. 18b)

- **an Trieben**
– krebsartige Wucherung an Trieben junger Bäume durch Bakterieninfektion (*Agrobacterium tumefaciens*): vgl. Abb. 255
– Kolonien rötlichbrauner, halbkugelig gewölbter Napfschildläuse (*Lepidosaphes ulmi*): vgl. Abb. 188; (*Pulvinaria regalis*): vgl. Abb. 29
– Fraßgänge in Trieben durch Bockkäfer-Befall (*Oberea linearis*): vgl. Abb. 182

- **an Ästen, am Stamm**
– Absterben von Ästen junger Bäume; innen Fraßgänge mit Raupen von Blausieb (*Zeuzera pyrina*): vgl. Abb. 149
– Absterbeerscheinungen durch Fraß im Stamminneren durch Raupen von Weidenbohrer (*Cossus cossus*): vgl. Abb. 266
– Weißfäule in Stamm und Ästen durch Zottigen Schillerporling (*Inonotus hispidus*): Fruchtkörper 20 bis 30 cm breit, anfangs rostrot, später braunschwarz; Wundparasit: vgl. Abb. 178
– Baumsterben durch Hallimaschinfektion: vgl. Abb. 165

Abb. 120: Blattfleckung und Fruchtfäule durch Pilzinfektion (*Marssoniella juglandis*)

EM: 2 bis 8 mm große, braune Blattflecke (b), die zu größeren Nekrosen zusammenfließen können (a); blattunterseits braune, glänzende Fruchtkörper (c); Befall auch an Fruchtschale

VM: Bakterieninfektion (*Xanthomonas campestris* pv. *juglandis*, Abb. 121)

BK: bei Sichtbarwerden der ersten Symptome Behandlung mit einem für pilzliche Blattfleckenerreger zugelassenen Mittel

Abb. 121: Blattfleckung, Fruchtfäule durch Bakterieninfektion (*Xanthomonas campestris* pv. *juglandis*), »Bakterieller Walnussbrand«

EM: beidseitig zahlreiche, verschieden große, eckige, gegen das grüne Gewebe scharf abgesetzte Flecke; größere Flecke reißen auf, führen zu Blattverformungen; Fruchtschale fleckig bis völlig schwarz

VM: *Marssoniella juglandis*: hier blattunterseits Fruchtkörper (Abb. 120)

BK: nicht möglich

Abb. 122: Blattgallen durch Gallmilben-Befall (*Aceria*-, *Eriophyes*-Arten)

EM: a) *Aceria tristriata*: Blattfläche mit kleinen, zahlreichen, knötchenartigen, gelblichroten, im Alter schwarzbraunen Pusteln
b) *Eriophyes erineus*, »Walnussfilzgalle«: Blattfläche mit wenigen, buckelartigen, 1 bis 2 cm großen, hellgrünen Blattwölbungen, meist nach oben (Bild rechts); blattunterseits in den Vertiefungen filzartige Haarbildungen mit Milben (Mikro)

VM: keine

BK: nicht erforderlich

Juniperus (Wacholder)

- **an Nadeln, Trieben, Zweigen**
- Verbräunung von Nadeln und Triebspitzen durch Frosteinwirkung
- braune Verfärbung einzelner Nadeln mit elliptischen, gelblichbraunen Fruchtkörpern durch Pilzinfektion (*Didymascella tetraspora*): ähnlich Abb. 305, jedoch Asci nur mit vier Ascosporen (Mikro)
- verfärbte, ältere Nadeln mit schwarzen, spindelförmigen Fruchtkörpern von *Lophodermium juniperinum*; BK: nicht erforderlich, da ohne Schadwirkung
- auf abgestorbenen Trieben kleine, schwarze, unregelmäßig rundliche Pilzfruchtkörper (*Kabatina thujae* var. *juniperi*): Abb. 126
- Absterben längerere Triebe durch Pilzinfektion (*Phomopsis juniperovora*): Abb. 123
- spindelförmige Anschwellungen an Zweigen und Ästen mit Sporenlagern durch Rostpilzinfektion (*Gymnosporangium sabinae*): Abb. 125
- auf unterdrückten, verfärbten Zweigen scheibenförmige, 1 bis 3 mm große, orangegelbe Pilzfruchtkörper von *Pithya cupressina*: Abb. 127
- graue bis bräunliche Nadelverfärbung, Milben mit Spinnfäden durch Spinnmilben-Befall (Nadelholzspinnmilbe: *Oligonychus ununguis*): Abb. 129
- Nadelverfärbung durch Saugen der Wacholder-Deckelschildlaus (*Carulaspis juniperi*): Abb. 128
- Saugschäden an jungen Trieben und Nadeln durch Wacholderrindenlaus (*Cinara juniperi*): Läuse bis 2,5 mm lang, oliv- oder hellbraun, weiß bepudert; starke Honigtaubildung: vgl. Abb. 7
- Nadelverfärbung und Absterben ausgehöhlter Triebspitzen durch Fraß von Räupchen der Wacholderminiermotte (*Argyresthia trifasciata*): Abb. 124
- Absterben von Triebspitzen durch mechanische Rindenverletzungen an derTriebbasis oder durch Fraß nagender Rüsselkäfer (z. B. *Otiorhynchus*-Arten): vgl. Abb. 67

- **am Stamm**
- längsverlaufende, aufklaffende Rindenrisse an sonnenexponierter Seite durch Frosteinwirkung, später mit Überwallungswülsten: vgl. Abb. 21
- Absterbeerscheinungen von Stamm und Ästen durch Befall von Wacholderborkenkäfer (*Phloeosinus thujae*): Einbohrloch in der Rinde mit Bohrmehlauswurf, unter der Rinde zweiarmige Fraßgänge; Käfer braunschwarz, 1,5 bis 2,5 mm lang; auch an anderen Cupressaceen

- **an Wurzeln/Stammbasis**
- Wurzelfäule mit Absterben von Jungpflanzen durch Pilzinfektion (*Phytophthora cinnamomi*): vgl. Abb. 66

Abb. 123: Zweigsterben durch Pilzinfektion (*Phomopsis juniperovora*)

EM: Absterben einzelner, bis zu 40 cm langer Äste mit zunächst fahlgrüner (a), dann brauner Benadelung (b); an der Basis abgestorbener Äste konische bis linsenförmige, durch die Epidermis brechende Fruchtkörper (c, Pfeil); Sporen spindelförmig, farblos (Mikro); Nachweis durch Fachleute

VM: Zweigsterben durch Wacholderrost (Abb. 125); Miniermotten-Befall (Abb. 124): hier jedoch nur Triebspitze befallen; Triebringelung durch Käfer-Befall (Abb. 67)

BK: Ausschneiden befallener Äste

Abb. 124: Triebsterben durch Wacholderminiermotten-Befall (*Argyresthia trifasciata*)

EM: Braunwerden von Triebspitzen (a) durch Minierfraß grünlicher, bis 5 mm langer Räupchen (b, Pfeil); im Inneren ausgehöhlter Triebe Kotkörnchen (c, Triebe anschneiden! Lupe); später Bohrloch an der Triebbasis; häufig mit *Kabatina thujae* var. *juniperi* vergesellschaftet

VM: Pilzinfektionen (Abb. 123, 125)

BK: befallene Triebe ausschneiden; Ende Mai Behandlung mit einem für minierende Kleinschmetterlinge zugelassenen Mittel (Befallskontrolle: Äste schütteln, Motten fliegen kurz auf)

Abb. 125: Zweiganschwellung und Nadelverfärbung durch Pilzinfektion (*Gymnosporangium sabinae*), »Wacholderrost«

EM: an Zweigen ca. 1 cm lange, zapfenförmige, bei Nässe gallertartige, gelbbraune Gebilde (a) mit Sporenlagern; nach mehrjähriger Krankheitsentwicklung spindelförmige Anschwellung der Befallsstelle (b); gelegentlich Zweigsterben mit vorausgehender, hellgrüner Nadelverfärbung (c); im Frühjahr Übergang (Wirtswechsel) auf Birne, auf deren Blättern andere Sporenformen (Äcidiosporen) gebildet werden (Abb. 202)

VM: andere *Gymnosporangium*-Arten; *Phomopsis juniperovora* (Abb.123)

BK: Anpflanzung von Birnbäumen in Nähe von Wacholder bzw. auch umgekehrt vermeiden; kranke Äste ausschneiden

Abb. 126: Triebverbräunung durch Pilzinfektion (*Kabatina thujae* var. *juniperi*)

EM: auf Rinde und abgestorbenen Schuppenblättchen schwarze, rundliche, kleine Pilzfruchtkörper (Lupe); selten primär, meist sekundär nach Vorschädigung z. B. durch Miniermotten-Befall oder mechanische Verletzung am Trieb; Pilz symptomlos schon als Endophyt in der Pflanze

VM: andere Pilzinfektionen (*Phomopsis juniperovora*, Abb. 123; *Pestalotiopsis funerea*, vgl. Abb. 278)

BK: nicht erforderlich

Abb. 127: Triebsterben und Nadelverfärbung mit Pilzentwicklung (*Pithya cupressina*)

EM: an abgestorbenen Trieben und bleichgrünen, später graubraunen Nadeln 1 bis 2 mm große, scheiben- oder becherförmige, orangegelbe Pilzfruchtkörper; Sporenschläuche mit je 8 kugeligen Ascosporen (Mikro); meist saprophytisch an geschwächten, durch sommerliche Trockenheit krankheitsdisponierten Zweigen

VM: keine

BK: nicht erforderlich

Abb. 128: Saugschäden durch Schildlaus-Befall (Wacholder-Deckelschildlaus: *Carulaspis juniperi*)

EM: Vergilbung und Verbräunung von Nadeln (a); auf Nadeln und Trieben weißliche Schilde mit exzentrischem, gelben Fleck; Schild bei Weibchen rundlich,1 bis 1,5 mm groß (b), bei Männchen länglich

VM: *Phomopsis juniperovora* (Abb. 123); Miniermotten-Befall (Abb. 124)

BK: stark befallene Zweige entfernen; bei Befallsbeginn Behandlung mit einem für Schildläuse zugelassenen (vorzugsweise ölhaltigen) Mittel

Abb. 129: Nadelverfärbung durch Spinnmilben-Befall (Nadelholzspinnmilbe: *Oligonychus ununguis*)

EM: chlorotische Fleckung, später graubraune Verfärbung und Vertrocknung der Nadeln; Spinnfäden (Bild); an Nadeln und Trieben Milben (Lupe); auch an anderen Nadelgehölzen (Abb. 158)

VM: Schildlaus-Befall (Abb. 128)

BK: mehrmalige Behandlung mit einem für Spinnmilben zugelassenen (vorzugsweise ölhaltigen) Mittel

Laburnum (Goldregen)

• an Blättern

- mosaikartige Fleckung und Blattdeformation durch Virusinfektion: Abb. 130
- weißlicher, mehlartiger Überzug, Blattdeformation und Triebmißbildung durch Echten Mehltaupilz (*Oidium laburni*)
- chlorotische, eckige Flecke mit hellviolettem Myzelrasen durch Falschen Mehltaupilz (*Peronospora cytisi*)
- chlorotische Flecke mit orangefarbigen und braunen Sporenlagern durch Rostpilzinfektion (*Uromyces laburni*): vgl. Abb. 145c
- unregelmäßige, graue, später zerreißende Flecke durch Pilzinfektion (*Mycosphaerella laburni*); Bestimmung nach Sporenmerkmalen (Mikro)
- Blattdeformation und Blattkräuselung durch Blattlaus-Befall (z. B. *Aphis cytisorum*): vgl. Abb. 85
- gelbliche Blatfleckung; weißliche Kolonien von Schmierläusen (Gemeine Schmierlaus: *Phenacoccus aceris*): vgl. Abb. 86, 116
- breite Blattminen mit grünweißen Räupchen der Goldregenminiermotte (*Leucoptera laburnella*) oder mit Maden der Minierfliege (*Phytomyza atricornis*): Abb. 131
- durch Gespinstfäden gefaltetes Blatt (Faltenmine) mit Räupchen der Miniermotte (*Phyllonorycter desertella*): vgl. Abb. 199
- Blattfraß durch freifressende Schmetterlingsraupen (z. B. Ahorneule, *Acronicta aceris*): vgl. Abb. 18b

• an Trieben

- wallartig umrandete Vertiefungen mit weißlichen (weiblichen) oder rötlichen (männlichen) Schildläusen an jungen Trieben durch Weidenschildlaus-Befall (*Chionaspis salicis*)

• an Ästen, am Stamm

- Aststerben, kleine, rote Pilzfruchtkörper auf der Rinde durch Pilzinfektion, »Rotpustelkrankheit« (*Nectria cinnabarina*): vgl. Abb. 19
- Ast- und Rindensterben mit dunklen Pilzfruchtkörpern auf der Rinde, »Braunpustelkrankheit« (*Cucurbitaria laburni*); Bestimmung nach Fruchtkörper- und Sporenmerkmalen (s. Literatur)
- offene, elliptische Krebswunde an dickeren Ästen durch Pilzinfektion (Violetter Schichtpilz: *Stereum purpureum*): Abb. 132

Abb. 130: Blattverfärbung durch Virusinfektion

EM: mosaikartige, chlorotische und dunkelgrüne Flecke, gelbe Verfärbung längs der Blattadern; in anderen Fällen Vergilbung der Blätter (»Gelbsucht«); Virusnachweis durch Fachleute
VM: Pilzinfektionen; Blattlaus-Befall
BK: nicht möglich; kein Vermehrungsgut von kranken Pflanzen verwenden

Abb. 131: Minierfraß durch Minierfliegen (*Phytomyza atricornis*)

EM: breite Blattminen mit 3 bis 4 mm langen Maden
VM: Minierfraß durch Raupen der Goldregenminiermotte (*Cemiostoma laburnella*): hellgrüne, später vertrocknende Minen mit Raupen und kreisförmigen Kotlinien
BK: nicht erforderlich

Abb. 132: Stammkrebs durch Pilzinfektion (Violetter Schichtpilz: *Stereum purpureum*)

EM: offene, elliptische Krebswunden an dickeren Stämmen, von toten Aststummeln ausgehend (Wundparasit!); Wundränder werden während der Vegetationsruhe periodisch abgetötet; auf abgestorbener Rinde flache, unregelmäßig geformte, violette Pilzfruchtkörper (Fruchtkörper ähnlich Abb. 76)
VM: krebsartige Wunden durch *Nectria*-Infektion (vgl. Abb. 19)
BK: Befallsverhütung durch zeitige, sachgemäße Ästung; Wundpflege

Larix (Lärche)

- **an Nadeln, Knospen**
- Nadelverfärbungen durch Nährstoffmangel: Abb. FAW
- Nadelverfärbung mit scharfem Übergang von geschädigtem zu gesundem Gewebe, Triebwelke durch Spätfrost: ähnlich Abb. 133a
- gelbliche oder braune Verfärbung, später vorzeitiges Schütten der Nadeln junger Lärchen durch Pilzinfektion (*Meria laricis*): Abb. FAW
- Kolonien wachsbedeckter Läuse an teilweise abgeknickten Maitriebnadeln durch Fichtengallenlaus-Befall (*Adelges*-Arten): Abb. 134
- Verbräunung von Nadelspitzen durch Minierfraß von Raupen der Lärchenminiermotte (*Coleophora laricella*): Abb. 133
- Nadelfraß durch freifressende Schmetterlingsraupen, z. B. Schlehenspinner (*Orgyia antiqua*): vgl. Abb. 191
- Nadelfraß durch graue oder grüne Larven von Lärchenblattwespen (*Pristiphora*-Arten): Abb. FAW

- **an Trieben**
- Triebwelke durch Frost oder Streusalzeinwirkung: Abb. FAW
- Triebsterben durch Grauschimmelinfektion (*Botrytis cinerea*): Abb. FAW
- Absterben längerer Triebe durch Pilzinfektion (z. B. *Cytospora* sp.): Abb. FAW
- Triebsterben nach Raupenfraß unter der Rinde an der Triebbasis durch Lärchentriebmotte (*Argyresthia laevigatella*): Abb. FAW

- **an Ästen, am Stamm**
- Ast- oder Stammkrebs (»Lärchenkrebs«), Stammdeformation; auf abgestorbener Rinde kleine, orangerote, tellerförmige Pilzfruchtkörper des Lärchenkrebserregers (*Lachnellula willkommii*): Abb. FAW
- knotige Anschwellungen an Ästen und jungen Stämmen durch Fraß gelblichgrüner, schwarzköpfiger Raupen; Ausbildung grauer Harzbeulen durch Befall von Lärchengallwickler (*Laspeyresia zebeana*): Abb. FAW
- hexenbesenartige Wuchsanomalien in der Krone durch Rickettsien-ähnliche Bakterien oder andere Ursachen: Abb. FAW

- **an Wurzeln/Stammbasis**
- Absterbeerscheinungen durch Hallimaschinfektion: vgl. Abb. 165

Abb. 133: Verbräunung von Nadelspitzen durch Lärchenminiermotten-Befall (*Coleophora laricella*)

EM: hellbräunliche, gekrümmte, teilweise ausgefressene Nadeln (a) mit Ausschlupfloch; von Herbst bis Frühjahr helle, wenige mm lange »Säckchen« mit schwarzer Raupe (b); Falter und Eiablage im Juni

VM: Spätfrost (Abb. FAW); Nährstoffmangel (Abb. FAW)

BK: nicht erforderlich

Abb. 134: Saugschäden durch Fichtengallenläuse (Grüne Fichtengallenlaus: *Adelges viridis*; Rote Fichtengallenlaus: *Adelges laricis*)

EM: gelbfleckige, teilweise winkelig abgebogene Maitriebnadeln (Pfeil) mit Kolonien hellgrüner, unter weißer Wachswolle verborgener, ungeflügelter Läuse; beide Arten wechseln zwischen Lärche und Fichte (s. Text Abb. 162)

VM: untereinander

BK: räumliche Trennung von Fichte und Lärche

Ligustrum (Liguster)

• an Blättern, Blüten, Trieben

- ungleichmäßiges Vergilben von Blättern durch unsachgemäße Herbizidanwendung: Abb. 137
- Degeneration, Blattfleckung oder Mosaik durch Virusinfektion (Kirschenblattrollvirus, Arabismosaikvirus, Gurkenmosaikvirus): Abb. 136
- auf Blättern weißer Myzelbelag durch Echten Mehltaupilz (*Microsphaera syringae*): Abb. 138
- bräunliche Blattfleckung durch Pilzinfektion (*Ascochyta ligustri*, *Tedgonia ligustrina*): Differenzialdiagnose nach Sporenmerkmalen (Mikro)
- eingerollte Blattränder durch Blattlaus-Befall (*Myzus ligustri*): Abb. 135
- verkürzte Maitriebe und Blattstiele durch Eschenzweiglaus-Befall (*Prociphilus bumeliae*)
- Buchtenfraß durch Dickmaulrüssler (*Otiorhynchus crataegi*): Abb. 139, 295
- Blattfraß durch Schmetterlingsraupen, z. B. Ligusterschwärmer (*Sphinx ligustri*): bis 12 cm lange, hellgrüne, weißgestreifte Raupe mit schwarzem Horn; Goldafter (*Euproctes chrysorhoea*): Abb. 18a
- Blattminen mit kleinen, grünlichen Raupen der Fliedermotte (*Gracillaria syringella*): vgl. Abb. 109; BK: regelmäßiger Heckenschnitt

• an Wurzeln/Stammbasis

- an Stammbasis dunkelbraune, bald verholzende Wucherungen durch Bakterieninfektion (*Agrobacterium tumefaciens*): vgl. Abb. 150

Abb. 135: Blattdeformation und -verfärbung durch Blattlaus-Befall (Ligusterblattlaus: *Myzus ligustri*)

EM: gelbliche bis rotgefleckte, nach unten eingerollte, verdrehte Blätter; gelbgrüne Läuse blattunterseits; an häufiger geschnittenen Hecken (Blattneubildung!)

VM: Virusbefall (Abb. 136)

BK: nicht erforderlich

Abb. 136: oben: Degeneration durch Virusinfektion (Kirschenblattrollvirus, Gurkenmosaikvirus oder Arabismosaikvirus)

EM: chlorotische Blattfleckung oder Mosaik und Deformation, Kleinblättrigkeit und Triebstauche (Verzwergung); Nachweis durch Fachmann

VM: Degeneration durch Wurzelschäden; Blattläuse (vgl. Abb. 135)

BK: erkrankte Pflanzen roden, nicht als Vermehrungsgut verwenden

Abb. 137: unten: Blattvergilbung durch unsachgemäße Herbizidanwendung

EM: ungleichmäßig verteilte, gelbliche Verfärbung mit fließenden Übergängen durch Aufnahme von Schadstoffen aus dem Boden

VM: sortenbedingte Buntblättrigkeit: Farbflächen scharf abgesetzt

Abb. 138: Blattfleckung durch Echten Mehltaupilz (*Microsphaera syringae*)

EM: blattoberseits ab Spätsommer unregelmäßige, weißliche Blattflecke oder Überzüge; im Pilzmyzel schwarze, kugelige Fruchtkörper (Lupe)

VM: keine

BK: nicht erforderlich

Abb. 139: Fraßschäden durch Dickmaulrüssler (häufigste Art: *Otiorhynchus crataegi*)

EM: vom Blattrand ausgehende, schmale Einbuchtungen durch braungraue bis schwärzliche, 5 bis 6 mm große Käfer mit gekörntem Halsschild; nachtaktiv, überwiegend an unteren Ästen; weißliche, fußlose Larven im Wurzelbereich fressend (Abb. 295)

VM: andere Käferarten

BK: Käfer regelmäßig abends oder frühmorgens absammeln

Lonicera (Geißblatt)

- **an Blättern, Knospen, Blüten**
– Blattverfärbung durch Virusinfektion (Gurkenmosaikvirus: chlorotische Ringfleckung und Bandmusterung; Gelbnetzvirus: leuchtend gelbe Verfärbung längs der Blattadern z. B. bei *Lonicera japonica*)
– weißlicher Überzug auf beiden Blattseiten bzw. blattunterseits durch Echte Mehltaupilze (*Microsphaera lonicerae*): vgl. Abb. 204; (*Phyllactinia guttata*): vgl. Abb. 45, 102
– gelbe Flecke mit Sporenlagern an Blattadern und Blattstiel durch Rostpilzinfektion (*Puccinia festucae*): vgl. Abb. 42
– Blattfleckung durch andere Pilzarten (z. B. *Ascochyta tenerrima*: unregelmäßig dunkel- bis schwarzbraune Flecke, vgl. Abb. 271c; *Kabatia periclymeni*: olivfarbene, braun berandete Flecke; *Ascochyta vulgaris*: Flecke graubraun bis weißlich, rötlich berandet); Differenzialdiagnose an Hand von Fruchtkörpern und Sporen
– Blätter mit hellen Gangminen, innen mit Kotband und Maden der Geißblattminierfliege (*Napomyza xylostei*): Abb. 141
– Buchten- und Lochfraß durch Rüsselkäfer-Befall (*Otiorhynchus*- Arten): vgl. Abb. 295
– enge, gekräuselte Einrollung der Blattränder mit Milben (Mikro) durch Gallmilben-Befall (*Eriophyes xylostei*)
– Kräuselung von Blättern, Deformation von Zweigen durch Befall von Wolliger Geißblattgallenlaus (*Prociphilus xylostei*)
– Blattdeformation durch Schmierlaus-Befall (*Phenacoccus aceris*): vgl. Abb. 86

- **an Trieben, Ästen**
– Welke von Trieben und Ästen durch Pilzinfektion (*Verticillium* sp.): Abb. 140
– Anschwellungen unterhalb gestauchter Triebspitzen mit weißer Larve im Mark, Triebvertrocknung durch Blattwespen-Befall *(Hoplocampoides xylostei*)
– Triebspitze büschelig verzweigt, nach unten hängend durch Geißbattlaus-Befall (*Hyadaphis passerini*): im Frühjahr kolonienbildende, blaugrüne Läuse blattunterseits; im Sommer Abwandern der grüngefärbten Adulten auf Doldengewächse, im Herbst Rückwanderung

- **an Wurzeln/Stammbasis**
– Wucherungen an Sproßteilen, Stammbasis und Wurzeln durch Bakterieninfektion (*Agrobacterium tumefaciens*): vgl. Abb. 150

Abb. 140: Welke und Zweigsterben durch Pilzinfektion (*Verticillium* sp.)

EM: plötzliche Welke von Pflanzenteilen oder ganzer Pflanzen; auf dem Astquerschnitt ringförmige Verfärbung der Gefäßbündel (vgl. Abb. 330)

VM: Absterben oberirdischer Teile durch Stamm- oder Wurzelschäden

BK: erkrankte Pflanzen roden und vernichten

Abb. 141: Minierfraß durch Maden der Geißblattminierfliege (*Napomyza xylostei*)

EM: ockergelb erscheinende Gangminen mit grünlichem Kotband und unregelmäßig angenagten Wänden durch Minierfliegenmaden

VM: andere Minierfliegenarten; Raupen der Geißblattminiermotte (*Stigmella lonicerarum*): Räupchen mit dunkelbraunem Kopf

BK: nicht erforderlich

Magnolia (Magnolie)

- **an Blättern, Knospen, Blüten**
  - chlorotische Ring-und Linienmuster durch Virusinfektion; BK: nicht möglich
  - Blattfleckung durch Bakterieninfektion (*Pseudomonas syringae*): Abb. 142
  - Blattfleckung durch Pilzinfektionen (*Ascochyta magnoliae*: grauweißliche, zerreißende oder herausfallende Flecke; *Phyllosticta*-Arten: unregelmäßig rundliche, graue, schwarz umrandete Flecke; *Septoria caerulescens*: weißliche Flecke mit braunem Rand); Differenzialdiagnose durch Fachleute
  - Knospenfäule und Blütenwelke durch Pilzinfektion (Grauschimmel: *Botrytis cinerea*): vgl. Abb. 247
  - Welke und Verbräunung der Blütenblätter durch Frosteinwirkung: Abb. 143a

- **an Trieben, Ästen**
  - Ast-,Triebsterben durch Pilzinfektion (*Nectria cinnabarina*): Abb. 143b

Abb. 142: Blattfleckung durch Bakterieninfektion (*Pseudomonas syringae*)

EM: im Sommer dunkelbraune, eckige Blattflecke, oft mit chlorotischem Hof; bei starkem Befall Welke und Absterben junger Triebe

VM: Blattfleckung oder Welke durch Pilzinfektion (vgl. Abb. 143)

BK: kranke Triebe ausschneiden

Abb. 143: Blütenverbräunung durch Spätfrost, Triebsterben durch anschließende Pilzinfektion (*Nectria cinnabarina*)

EM: Blüten welken und werden braun (a); nachfolgende Pilzinfektion führt im Sommer zum Absterben der inzwischen beblätterten Triebe (b); auf abgestorbener Rinde blassrote, stecknadelkopfgroße Pilzfruchtkörper (vgl. Abb. 19)

VM: Grauschimmelinfektion (vgl. Abb. 277)

BK: erkrankte Triebe entfernen

Mahonia (Mahonie)

- **an Blättern**
  - chlorotische Ringfleckung durch Virusinfektion: an jungen Blättern von den Seitenadern ausgehende, gelbe Verfärbung, die sich meist ringförmig entwickelt; Virusnachweis durch Fachleute
  - weißliche Fleckung oder Überzüge, Blattdeformation durch Befall von Echtem Mehltaupilz (*Microsphaera berberidis*): Abb. 144
  - rötliche Fleckung blattoberseits, gelbliche oder braune Sporenpusteln blattunterseits durch Rostpilzinfektion (*Cumminsiella mirabilissima*): Abb. 145
  - Blattkräuselung durch Blattlaus-Befall (Gelbe Berberitzenblattlaus: *Liosomaphis berberidis*): vgl. Abb. 231
  - Fraßschäden durch Blattwespenlarven (Berberitzenblattwespe: *Arge berberidis*): Larve bis 18 mm lang, weißlich mit gelben Flecken und zahlreichen, schwarzen Warzen

Abb. 144: Weißliche Fleckung durch Echten Mehltaupilz (*Microsphaera berberidis*)

EM: mehlartige, weißliche Flecke oder Überzüge, vor allem blattoberseits; gelegentlich auf Triebe und Früchte übergehend; junge Blätter oft deformiert; auf Myzel zunächst Konidien (Mikro), später kugelige, dunkle Kleistothecien (Lupe) mit langen, verzweigten Anhängseln (vgl. Abb. 204)

VM: keine

BK: bei jährlich starkem Befall Behandlung im Frühjahr mit einem für Echte Mehltaupilze zugelassenen (vorzugsweise schwefelhaltigen) Mittel

Abb. 145: Blattfleckung durch Rostpilzinfektion (*Cumminsiella mirabilissima*), »Mahonienrost«

EM: im Frühsommer auf deformierten, jungen Blättern blattunterseits gelbe Sporenlager (Äcidien, b); im Sommer blattunterseits zimtbraune Sporenlager (Uredolager, c), gleichzeitig blattoberseits leuchtend rote Flecke (a); im Herbst kleine, kastanienbraune Sporenlager (Teleutolager); Wirtswechsel fehlt

VM: *Puccinia graminis* (Abb. 42): hier Wirtswechsel mit Gramineen; Differenzialdiagnose durch Fachleute

BK: bei starkem Befall Rückschnitt

Malus (Apfel)

- **an Blättern, Knospen, Blüten**
  - Mosaikfleckung durch Virusinfektion (Apfelmosaikvirus)
  - weißlicher, mehlartiger Überzug auf deformierten Blättern und jungen Trieben durch Echten Mehltaupilz (*Podosphaera leucotricha*)
  - Blattfleckung, Blattverbräunung, Blütenwelke, Schorf an Früchten durch Pilzinfektion, »Apfelschorf« (*Venturia inaequalis*): Abb. 146
  - braune Stichflecke durch Weichwanzen-Befall (*Lygus*-Arten): vgl. Abb. 232
  - Blattdeformation durch Schmierlaus-Befall (Gemeine Schmierlaus: *Phenacoccus aceris*): vgl. Abb. 86,116
  - bronzefarbene Blattverfärbung durch gelblichrote Milben der Obstbaumspinnmilbe, »Rote Spinne« (*Panonychus ulmi*) oder bräunlichgraue Milben der »Braunen Spinnmilbe« (*Bryobia rubrioculus*): beide ohne Gespinste
  - Blattrandrollung durch Gallmilben-Befall (*Eriophyes*-Arten): vgl. Abb. 94b
  - pockenartige, grünlichgelbe, später bräunliche Gallen mit Gallmilben durch Apfelpockenmilben-Befall (*Eriophyes mali*): ähnlich Abb. 282
  - kreis- oder blasenförmige, braune Blattminen mit gelblichweißen Räupchen der Fleckenminiermotte (*Leucoptera scitella*): Abb. 147
  - schlangenförmige, helle Minengänge mit grünlichweißen Räupchen der Obstbaumminiermotte (*Lyonetia clerkella*): Abb. 148
  - Blattfraß durch Schmetterlingsraupen (z. B. Kleiner Frostspanner: Abb. 18c; Goldafter: Abb. 18a; Ringelspinner: Abb. 190; Gespinstmotten: vgl. Abb. 87; Schlehenspinner: Abb. 191)

- **an Trieben**
  - Triebsterben durch Bakterieninfektion, »Feuerbrand« (*Erwinia amylovora*): vgl. Abb. 82
  - Triebwelke durch Blausieb-Befall (*Zeuzera pyrina*): s. Äste,Stamm

- **an Ästen, am Stamm**
  - Wucherungen auf der Rinde mit weißflockigen Läusekolonien durch Blutlaus-Befall (*Eriosoma lanigerum*): vgl. Abb. 201
  - wulstig berandete, verdickte Krebswunden durch Pilzinfektion, »Obstbaumkrebs« (*Nectria galligena*): vgl. Abb. 113a
  - in Stamm und Ästen vertikale Fraßgänge mit gelblichen Raupen durch Befall von Blausieb (*Zeuzera pyrina*): Abb. 149

- **an Wurzeln/Stammbasis**
  - Fäule an Stammbasis (»Kragenfäule«) und Wurzeln durch Pilzinfektion (*Phytophthora cactorum*): vgl. Abb. 286
  - knötchen- oder kropfartige Wucherungen durch Bakterieninfektion (*Agrobacterium tumefaciens*): Abb. 150

Abb. 146: Blütenwelke, Blattfleckung, Fruchtschäden durch Pilzinfektion (*Venturia inaequalis*), »Apfelschorf«, hier an Zierapfel

EM: Welken und Verbräunen der Blüten; an Laubblättern beidseitig olivschwarze Anflüge aus baumartig verästelten Pilzfäden (Lupe); später dunkelbraune Flecke, die zum Vertrocknen und Abfallen der Blätter führen; auf den Flecken bräunlichgrüne Rasen der Konidienform (*Spilocaea pomi*); Hauptfruchtform im folgenden Frühjahr auf den am Boden liegenden Blättern

VM: andere Pilzarten (s. Literatur)

BK: Falllaub entfernen; chemische Behandlung an Zierapfel nicht erforderlich

Abb. 147: Blattfleckung durch Raupen der Fleckenminiermotte (*Leucoptera* [*Cemiostoma*] *scitella*)

EM: kreisförmige, pfenniggroße, weißliche, später bräunliche Minen mit konzentrischer Zonierung; im Inneren Kot und Räupchen (Lupe)

VM: Blattfleckung durch Pilzinfektion (s. Literatur)

BK: bei Zierbäumen nicht erforderlich

Abb. 148: Minierfraß durch Raupen der Obstbaumminiermotte (*Lyonetia clerkella*), hier an Blutapfel

EM: schlangenartig verlaufende, sich langsam verbreiternde Gangminen mit Mündung in eine längliche Kammer, dort Schlupfloch der Raupe (vgl. Abb. 189b); Verpuppung der Raupe in weißem Kokon am Blatt; Falter weiß, 7 bis 9 mm Flügelweite; Vorkommen auch an anderen Rosaceen

VM: keine

BK: bei Zierbäumen nicht erforderlich

Abb. 149: Fraßschäden durch Raupen von Rosskastanienbohrer, »Blausieb« (*Zeuzera pyrina*)

EM: Fraßgänge von Jungraupen in Trieben, später lange Fraßgänge in Ästen und jungen Stämmchen; Raupe bis 6 cm lang, gelblich, mit schwarzen Punktwarzen und schwarzem Kopf; Auswurflöcher mit Kot und Nagespänen; Welken und Absterben von Trieben; Äste werden geschwächt; Falter blaugefleckt

VM: andere Holzbohrer (z. B. *Cossus cossus*, Abb. 266a,b)

BK: an Jungbäumen befallene Triebe entfernen; bei Stammbefall Bäume roden

Abb. 150: Krebsartige Wucherungen durch Bakterieninfektion (*Agrobacterium tumefaciens*)

EM: knotige Anschwellungen an Wurzeln, die zu krebsartigen, verholzenden Wucherungen führen (»Wurzelkropf«); Bestimmung durch Fachleute

VM: Befall durch Wurzelgallenälchen (Nematodennachweis!); Blutlausbefall (Abb. 201)

BK: erkrankte Pflanzen sorgfältig roden, nicht kompostieren (bodenbürtiger Erreger mit großem Wirtskreis)

Picea (Fichte)

- **an Nadeln, Knospen**
  - Nadelbräune durch Chlorideinwirkung, »Omorikasterben«: Abb. 151
  - Nadelverfärbung durch Nährstoffmangel (z. B. Magnesium-Mangel): Abb. 152; andere Nadelverfärbungen durch Nährstoffmangel: Abb. FAW
  - Nadelverfärbung durch unsachgemäße Herbizidanwendung: Abb. FAW
  - Sitzenbleiben der Terminalknospe durch Frühfrost: Abb. 160
  - Nadelverfärbung durch Spätfrost: Abb. 153; s. auch Triebe
  - Welke und Nadelverfärbung durch Strangulation des Stammes: Abb. 164
  - Knospensterben durch Pilzinfektion (*Gemmamyces piceae*): Abb. 159
  - Nadelvergilbung durch Rostpilzinfektion (*Chrysomyxa abietis*): Abb. 156
  - Nadelbruch und -verfärbung durch Pilzinfektion (*Rhizosphaera kalkhoffii*): Abb. 154
  - Verfärbung einzelner Nadeln mit schwarzen, länglichen Fruchtkörpern durch Pilzinfektion (*Lirula macrospora*): Abb. 155
  - Nadelverfärbung durch Hallimaschinfektion: s. Wurzel/Stammbasis
  - Nadelverfärbung durch Fichtenröhrenlaus-Befall, »Sitkalaus« (*Elatobium abietinum*): Abb. 157
  - Nadelverfärbung und Wuchshemmung durch Befall der Nadelholzspinnmilbe (*Oligonychus ununguis*): Abb. 158
  - Nadelgespinste mit braunen Kotkörnchen durch Larven der Fichtengespinstblattwespe (*Cephalcia abietis*): Abb 163
  - ausgefressene, hellbraune Nadeln in zusammengesponnenen Nestern durch Raupen des Fichtennestwicklers (*Epinotia tedella*): Abb. FAW
  - Fraßschäden an Nadeln, Knospen und jungen Trieben durch Spinnerraupen (Nonne: *Lymantria monacha*): Abb. FAW

- **an Trieben**
  - Welke und Absterben der Maitriebe durch Spätfrost: Abb. 153
  - Welke und Absterben durch Grauschimmelinfektion: Abb. FAW
  - verschiedene Gallenbildungen durch Fichtengallenläuse (*Adelges*-Arten): Abb. 162
  - Saugschäden durch Große Fichtenquirlschildlaus (*Physokermes piceae*): Abb. 161

- **an Ästen, am Stamm**
  - Stammfäule nach Rindenverletzung durch Infektion holzzerstörender Pilze, z. B. »Blutender Schichtpilz« (*Stereum sanguinolentum*): Abb. FAW
  - Absterben von Bäumen durch Borkenkäfer-Befall, z. B. Buchdrucker (*Ips typographus*), Kupferstecher (*Pityogenes chalcographus*) sowie andere Käferarten: Abb. FAW
  - Rindenschäden an jungen Bäumen durch Fraß von Schermaus (*Arvicola terrestris*) oder Wildkaninchen (*Oryctolagus cuniculus*): vgl. Abb. 112

- **an Wurzeln/Stammbasis**
  - Absterbeerscheinungen durch Hallimaschinfektion: Abb. 165

Abb. 151: Nadelverfärbung an Serbischer Fichte durch Chlorideinwirkung, »Omorikasterben«

EM: Verfärbung von außen (Triebspitzen) nach innen fortschreitend; ab Juli chlorotische Fleckung und Verbräunung der Nadeln von der Nadelspitze her; Chloridgehalt der Nadeln über 0,2%; besonders auf schweren, zur Verdichtung neigenden Böden

VM: Frosttrocknisschäden (Abb. FAW); Hallimaschinfektion (Abb. 165); Saftstromunterbrechung (Abb. 164)

BK: keine chloridhaltigen Dünger oder Streumittel verwenden; Bodenverbesserung, evtl. Bodenaustausch

Abb. 152: Nadelverfärbung durch Magnesium-Mangel

EM: gelbliche Verfärbung von älteren zu jüngeren Nadeljahrgängen fortschreitend; jüngster Nadeljahrgang grün; beschattete Zweige weniger vergilbt; chemische Analyse

VM: anderer Nährstoff-Mangel (Abb. FAW)

BK: Bodenverbesserung durch magnesiumhaltigen Dünger

Abb. 153: Welke und Absterben von Maitrieben nach Spätfrost, hier an Zuckerhutfichte

EM: zahlreiche, anfangs gelblichgrüne, dann bräunliche, schlaff herabhängende Maitriebe nach tiefen Temperaturen im Mai

VM: *Botrytis*-Infektion: Befall nur vereinzelt mit Auftreten ab Juni, Triebe mit silbriggrauem Myzel (vgl. Abb. 277b)

BK: frostresistente Sorten bevorzugen

Abb. 154: Nadelschäden durch Pilzinfektion (*Rhizosphaera kalkhoffii*)

EM: bei anfälligen Arten (z. B. *Picea pungens*, a) braune Fleckung und Abbrechen der Nadeln nach Einschnürung; an anderen Arten (z. B. *Picea abies*, b) saprophytisches Auftreten nach Vorschädigung (Frost, Trockenheit); auf abgestorbenen Nadeln reihig angeordnete, schwarze Fruchtkörper (c, Lupe), apikal mit weißem Wachspfropf

VM: Frosttrocknis (vgl. Abb. 1); andere Pilze (Abb. 155)

BK: prophylaktisch gute Nährstoff- und Wasserversorgung, Fungizidanwendung (nur in Baumschulen und Weihnachtsbaumkulturen)

Abb. 155: Nadelverfärbung durch Fichtennadelritzenschorf (*Lirula macrospora*, Syn. *Lophodermium macrosporum*)

EM: bräunlichgelbe Verfärbung einzelner, vorjähriger Nadeln; nadelunterseits langgestreckte, schwarze Fruchtkörper (Lupe); an der Nadelbasis schwarzer Ring; vorzeitiger Nadelfall bei Jungbäumen und bei Dichtstand

VM: andere Pilze (Abb. 156; Abb. 154)

BK: Dichtstand vermeiden; untere Krone auslichten

Abb. 156: Vergilbung durch Fichtennadelrost (*Chrysomyxa abietis*)

EM: jüngste Nadeln chlorotisch gefleckt oder gelblich gebändert; im Herbst Ausbildung braunroter bis orangegelber, langgestreckter, wulstiger Sporenlager (Teleutolager); später Verbräunung der gesamten Nadel; im Frühsommer Neuinfektion; Wirtswechsel fehlt

VM: Frosttrocknis (Abb. FAW); Chloridschäden (Abb. 151); Herbizidschäden (Abb. FAW)

BK: während und nach Nadelaustrieb Behandlung mit einem für Rostpilze bei Zierpflanzen zugelassenen Mittel

Abb. 157: Verfärbung und Nadelfall durch Grüne Fichtenröhrenlaus (*Elatobium* [*Liosomaphis*] *abietinum*), »Sitkalaus«

EM: gelbliche Fleckung zuerst an Nadeln vorjähriger Triebe, bei Massenbefall auf ältere Nadeln übergehend; später Verbräunung und vorzeitiger Nadelfall von innen nach außen (a); Läuse gelbgrün mit rotbraunen Augen und Wachsreif an den Hinterbeinen (b, Lupe); schnelle Generationsfolge teils geflügelter, teils ungeflügelter Läuse; Überwinterung im Ei-Stadium; vorzugsweise an Blau- und Sitka-Fichte; größere Schäden in Gebieten mit milden Wintern und bei längerer Trockenheit

VM: Nadelverfärbung und -sterben durch Pilzinfektion (vgl. Abb. 154); »Omorikasterben« (Abb. 151)

BK: Prüfung der Besatzdichte: ab November innere Zweige über heller Unterlage abklopfen; bei erkennbarem Befall Behandlung mit einem für saugende Insekten (auch Läuse) an Zierkoniferen oder Zierpflanzen zugelassenen Mittel

Abb. 158: Saugschäden durch Nadelholzspinnmilbe (*Oligonychus ununguis*)

EM: ockerbraune, fleckenartige Verfärbung von Nadeln (a); fehlende oder mangelhafte Knospenbildung, die zu lückigem Kronenaufbau führt, vor allem bei mehrjährigem Befall (b, hier an der besonders anfälligen Zuckerhutfichte); im Winterhalbjahr weiße Häutungsreste und rötliche Wintereier (c, Lupe); im Sommer grünbräunliche bis orangefarbene Milben und bernsteinfarbene Sommereier; Spinnfäden (vgl. Abb. 129); trockene Wärme begünstigt Massenauftreten

VM: Frostschäden (Abb. 153)

BK: bei Befallsbeginn Behandlung mit einem für Spinnmilben zugelassenen (bevorzugt ölhaltigen) Mittel

Abb. 159: Knospensterben durch Pilzinfektion (*Gemmamyces piceae*)

EM: im Frühjahr fehlender Austrieb; bei mehrjährigem Befall Zweigdeformation (a) durch Absterben der Knospen (b); verdickte Knospen oft einseitig gekrümmt; auf den Knospen schwarze, krustenartige Überzüge mit kugeligen Fruchtkörpern (c, Lupe); besonders an *Picea pungens* in Gebieten hoher Niederschläge

VM: »Sitzenbleiben« der Knospen (Abb. 160)

BK: Ausschneiden befallener Zweige oder Knospen

Abb. 160: »Sitzenbleiben« der Terminalknospe durch Frühfrost

EM: bereits im Winter angeschwollene Knospen, die im Frühjahr nicht mehr austreiben und absterben (hier an Stech-Fichte)

VM: Pilzinfektion durch *Gemmamyces piceae* (Abb. 159)

BK: Hochbinden eines letztjährigen Triebes in Kronenspitze (Vermeiden von Krummwuchs)

Abb. 161: Saugschäden durch Große Fichtenquirlschildlaus (*Physokermes piceae*), hier an Sitka-Fichte

EM: 5 bis 7 mm große, beerenförmige, gelblichbraune Weibchen an vorjährigen Trieben, vorzugsweise an Triebgabelungen von Jungpflanzen; Bildung von Honigtau; männliche Laus geflügelt, auf der Unterseite von Nadeln; Überwinterung unter Deckschuppen von Knospen

VM: Kleine Fichtenquirlschildlaus (*Physokermes hemicryphus*): 3 bis 4 mm, an Altfichten

BK: Absammeln der Brutblasen

Abb. 162: Nadel- und Triebschäden durch Fichtengallenläuse

EM: a) Gelbe Fichtengallenlaus (*Adelges [Sacchiphantes] abietis*): Gallen am Grund weiterwachsender Triebe, ananasförmig, 2 bis 3 cm lang, anfangs grün mit rötlichen Schuppenrändern, später braun (Bild)
b,c) Kleine Fichtengallenlaus (*Adelges tardus*): gesamter Maitrieb zur Galle umgewandelt, diese haselnussgroß, blassgrün, mit kurzen Nadelresten, innen mit Gallenkammern und braunroten Läusen (b, links Querschnitt), später braun und verholzt (c); unregelmäßige Zweigbildung

VM: Grüne Fichtengallenlaus (*Adelges viridis*): Gallen an Zweigenden oder am Grund absterbender Triebe, zapfenförmig, bis 4 cm lang, mit langen Nadelresten, Gallenkammern mit grünen Läusen; Wirtswechsel mit Lärche

BK: befallene Triebe entfernen; keine weitere Behandlung

a

b

c

Abb. 163: Nadelverfärbung und Nadelverlust durch Große Fichtengespinstblattwespe (*Cephalcia abietis*), hier an *Picea pungens* 'Glauca'

EM: in Zweiggabeln von Trieben und Ästen große, kotreiche Gespinste mit je einer Larve in eigener Gespinströhre; Larve 15 bis 25 mm lang, graugrün mit schwarzem Kopf; Fraß an ein- bis dreijährigen Nadeln; Überwinterung im Boden; Wespe 10 bis 15 mm lang, Oberkörper schwarz, Hinterleib und Beine gelb bis rotbraun

VM: Kleine Gespinstblattwespe (*Cephalcia arvensis*): Larven in lockeren, kotlosen Gespinsten, an *Picea abies*; Fichtennestwickler (*Epinotia tedella*): braune, von Raupen ausgefressene Nadeln (Abb. FAW)

BK: befallene Nester herausschneiden

Abb. 164: Nadelverfärbung durch Strangulation des Stammes

EM: anfangs gelblichgrüne, dann bräunliche Verfärbung jüngerer Nadeljahrgänge durch Unterbrechung oder Drosselung des Saftstromes in der Rinde (a, Baum links); ringförmige Einschnürung in der Rinde (b) durch nicht entfernte Stammhalterung (hier Verankerung mittels Juteseil); Anschwellen der oberen Stammhälfte durch Saftstromstau

VM: Hallimaschinfektion (Abb. 165); Chloridvergiftung (Abb. 151); Frosttrocknis (Abb. 277)

BK: rechtzeitiges Entfernen bzw. Lockerung der Stammhalterung

Abb. 165: Wurzel- und Stammfäule durch Pilzinfektion (Dunkler Hallimasch: *Armillaria ostoyae*)

EM: Nadelvergilbung, später Nadelbräune letztjähriger Triebe; Harzfluss an der Stammbasis (a); unter der Rinde weißes, mattenartiges Myzel (b) oder schwarzbraune Stränge (»Rhizomorphen«); im Herbst hutförmige, braune Fruchtkörper (c); Absterben des Baumes

VM: andere *Armillaria*-Arten (s. Literatur); Strangulation (Abb. 164)

BK: Baumsanierung nicht möglich; erkrankte Bäume mit Wurzelstumpf entfernen (Infektionsquelle); kein Nadelholz nachpflanzen

Pinus (Kiefer)

- **an Nadeln, Knospen**
- – Nadelverfärbung im Herbst durch normale Alterung: Abb. 166
- – Nadelverbräunung durch Streusalzeinwirkung: vgl. Abb. 308
- – Nadelverfärbung durch Nährstoffmangel: Abb. FAW
- – Nadelbräune, vorzeitiger Nadelfall durch Pilzinfektion (z. B. *Dothistroma septospora*: Abb. 167; *Sphaeropsis sapinea*: Abb.168)
- – Nadelverfärbung und -knickung durch Wolllaus-Befall (*Pineus pini*): Abb. 169
- – Nadelfleckung durch Napfschildlaus-Befall (Kommaschildlaus: *Lepidosaphes newsteadi*): Abb. 170
- – Nadelfraß durch Kiefernkultur-Gespinstblattwespe (*Acantholyda hieroglyphica*): Abb. 171; s. auch Triebe
- – Nadelfraß durch Kiefernbuschhornblattwespe (*Diprion pini*): Abb. FAW
- – Fraß in Knospen durch Raupen, Kot an Spinnfäden zwischen den Knospen von Kiefernknospentriebzünsler (*Dioryctria mutatella*): Abb. FAW
- – Nadelfraß durch andere Schmetterlingsraupen : Abb. FAW

- **an Trieben**
- – Absterben gekrümmter Triebspitzen mit silbriggrauen Pilzrasen durch Grauschimmelinfektion (*Botrytis cinerea*): vgl. Abb. 277
- – Absterben jüngster Triebe und Braunwerden der Nadeln durch Pilzinfektion, »Diplodia-Triebsterben der Schwarzkiefer« (*Sphaeropsis sapinea*): Abb. 168
- – Knospenverbräunung, Triebsterben durch Pilzinfektion, »Scleroderris-Krankheit der Schwarzkiefer« (*Gremmeniella abietina*): Abb. FAW
- – Saugschäden an Maitrieben durch Kiefernwolllaus (*Pineus pini*): Abb. 169
- – Absterben junger Triebe mit Harzgalle an der Triebbasis durch Raupen des Kiefernharzgallenwicklers (*Petrova resinella*): Abb. FAW
- – Triebverkrümmung (»Posthorn«) und Triebvertrocknung durch Raupen von Kiefernknospentriebwickler (*Rhyacionia buoliana*): Abb. FAW
- – Fraßschaden an jungen Trieben mit kotgefüllten Gespinsten der Kiefernkultur-Gespinstblattwespe (*Acantholyda hieroglyphica*): Abb. 171

- **an Ästen, am Stamm**
- – Ast- und Baumsterben, auf der Rinde orangegelbe Sporenblasen und Harzfluss durch Rostpilzinfektion (*Cronartium ribicola*): Abb. 173
- – Fraßgänge durch Rüsselkäfer-Befall (*Hylobius-*, *Pissodes*-Arten): Abb. FAW
- – Fraßschäden durch Rötelmaus (*Clethrionomys glareolus*): vgl. Abb. 275

- **an Wurzeln/Stammbasis**
- – Baumsterben, Harzaustritt, Pilzmyzel unter der Rinde, am Stammfuß im Herbst hutförmige Fruchtkörper durch Hallimaschinfektion: vgl. Abb. 165

Abb. 166: Verfärbung und Nadelfall durch Nadelalterung (Seneszenz), hier an *Pinus mugo*

EM: ab Spätsommer gelbe bis braune Verfärbung mehrjähriger Nadeln, anschließend Nadelfall (»Herbstschütte«); Förderung durch Trockenheit

VM: *Dothistroma septospora* (Abb. 167); *Lophodermium seditiosum* (»Kiefernschütte«) mit Vorkommen fast ausschließlich in Kiefernkulturen (Abb. FAW)

BK: vorbeugend ausreichende Nährstoff- und Wasserversorgung

Abb. 167: Nadelbräune durch Pilzinfektion (*Dothistroma septospora*)

EM: auf Nadeln einjähriger Triebe vereinzelt braune Flecke (a), die sich im folgenden Jahr vergrößern; schließlich Verbräunung der gesamten Nadel mit nachfolgendem Nadelfall; auf abgestorbenen Nadeln oder Nadelpartien stecknadelkopfgroße, schwarze, aus der Nadel hervorbrechende Pilzfruchtkörper auf rötlichem Band (b, Lupe); auf älteren, abgestorbenen Nadeln Entwicklung der ähnlich aussehenden Hauptfruchtform (*Mycosphaerella pini*) mit zweizelligen Ascosporen (Mikro)

VM: natürliche Nadelalterung (Abb. 166); Diplodia-Triebsterben (Abb. 168)

BK: im Frühjahr Behandlung mit Fungiziden

Abb. 168: »Diplodia-Triebsterben« durch Pilzinfektion (*Sphaeropsis sapinea*, Syn. *Diplodia pinea*), hier an Schwarz-Kiefer

EM: im Frühjahr Absterben letztjähriger Triebe (a); Harzfluss; auf Rinde und Nadeln stecknadelkopfgroße, schwarze Fruchtkörper (b) mit braunen, elliptischen Sporen; Nadeln fallen im Herbst teilweise ab; entnadelte, tote Triebspitzen bleiben zurück; bei vitalen Bäumen Triebneubildung; wiederholte Sommertrockenheit fördert die Erkrankung

VM: Frostschäden (dann zahlreiche Triebe braun); *Gremmeniella abietina* (Sporen farblos, sichelförmig: Abb. FAW)

BK: abgestorbene Triebe entfernen; Fungizidbehandlung nur in Baumschulen und Kiefernkulturen

Abb. 169: Saugschäden durch Europäische Kiefernwolllaus (*Pineus pini*) an Gemeiner Kiefer

EM: auf der Rinde von Maitrieben sowie an der Nadelbasis ungeflügelte Läuse mit Flocken weißer Wachswolle; bei starkem Befall gelbfleckige Verfärbung der Nadeln und Nadelknickung; geflügelte Läuse auf Fichte übergehend.
Weitere Arten: Weymouths-Kiefernwolllaus (*Pineus strobi*) auf Strobe und anderen, fünfnadeligen Kiefern, ohne Wirtswechsel; Arvenwolllaus (*Pineus cembrae*) auf Gemeiner Kiefer, dort Ausbildung kegel- oder hakenförmiger Triebe, Wirtswechsel mit Arve

VM: Nadelschildläuse (Abb. 170); *Cinara*-Arten (vgl. Abb. 7)

BK: physikalisch mit starkem Wasserstrahl, chemisch durch Behandlung mit einem für Woll- oder Schmierläuse zugelassenen (vorzugsweise ölhaltigen) Mittel

Abb. 170: Saugschäden durch Kiefern-Kommaschildlaus (*Lepidosaphes newstaedi*), hier an Berg-Kiefer

EM: auf der Innenseite von Nadeln reihig angeordnete Schildläuse (a) mit kissenförmig gewölbtem, weißem, herz- oder miesmuschelförmigem, 2 bis 3 mm langem (b, Weibchen) oder kürzeren (Männchen) Schild; bei Massenauftreten gelbliche Nadelflecke und Nadelverluste; 1 Generation pro Jahr

VM: andere Nadelschildläuse (Schlanke Kiefernnadelschildlaus, *Leucaspis pini*: Laus grünlich, unter weißem, länglichen Schild in fester Hülle; *Leucaspis loewi*: Laus violett, unter weißem, breitovalem Schild, in fester, brauner Hülle); Wollläuse (vgl. Abb. 169); Nadelblasenrost (Abb. FAW)

BK: schwer bekämpfbar; mehrmalige Behandlung mit einem für Schildläuse zugelassenen (vorzugsweise ölhaltigen) Mittel

Abb. 171: oben: Fraßschaden an Trieben durch Kiefernkultur-Gespinstblattwespe (*Acantholyda hieroglyphica*), hier an Berg-Kiefer

EM: an Trieben mit Kot gefüllte Gespinste; im Inneren Afterraupe; Nadeln einzeln abgebissen; Larven rötlichbraun, gesprenkelt, bis 2,5 cm lang; Verpuppung im Boden; nur an jüngeren Kiefern
VM: andere Gespinstblattwespen; männliche Blüten (Abb. 172)
BK: befallene Triebe entfernen

Abb. 172, links: Benadelungslücken durch Bildung männlicher Blüten

EM: männliche Blüten anstelle von Nadeln (Bild), später dort Kahlstellen
VM: Fraßschäden (Abb. 171)

Abb. 173: Rindennekrosen und Nadelvergilbung durch Pilzinfektion (*Cronartium ribicola*), »Strobenrost«, hier an Weymouths-Kiefer

EM: bei jungen Bäumen Nadelvergilbung, Kümmerwuchs; nach mehrjähriger Erkrankung Absterben von Ästen (a) und Bäumen; auf der Rinde weißliche, später orangegelbe (b), blasenartige Sporenlager (Äcidien); am Stamm Harzfluss (c); Wirtswechsel mit *Ribes*-Arten, vor allem Johannisbeere, dort Ausbildung anderer Sporenlager (vgl. Abb. 229)

VM: Harzfluss, Baumsterben durch Dürre oder Hallimasch-Befall (vgl. Abb. 165)

BK: räumliche Trennung von *Ribes*-Arten und fünfnadeligen Kiefern

Platanus (Platane)

- **an Blättern, Trieben**
  - Vergilbung und vorzeitiger Blattfall durch Wassermangel: vgl. Abb. 315
  - weißer, fleckenartiger Überzug auf jüngeren, deformierten Blättern durch Echten Mehltaupilz (*Microsphaera* [*Oidium*] *platani*): vgl. Abb. 204
  - Blattfleckung, Absterben des Neuaustriebs durch Pilzinfektion (*Apiognomonia veneta*): Abb. 176; s. auch Äste
  - Blattwelke durch Pilzinfektion, »Platanenwelke« (*Ceratocystis fimbriata* f. *platani*): Abb. 177; s. Äste, Stamm
  - helle Sprenkelung in Blattadernnähe, später Bronzefärbung durch Platanennetzwanzen-Befall (*Corythucha ciliata*): Abb. 175
  - chlorotische Sprenkelung, Blattvertrocknung durch Spinnmilben-Befall (Gemeine Spinnmilbe: *Tetranychus urticae*): vgl. Abb. 313
  - Blattkräuselung und löffelartige Deformation, Braunwerden und Vertrocknen der Blätter durch Gallmilben-Befall (*Rhyncaphytoptus platani*): Milbennachweis (Lupe)
  - vereinzelte, weißliche, später bräunliche, 2 bis 3 cm große Platzminen mit Raupen der Platanenminiermotte (*Phyllonorycter platani*): Abb. 174
  - zahlreiche, schmale Gangminen mit Räupchen, Kotlinie in Gangmitte durch Befall von Zwergminiermotten (*Stigmella*-Arten)

- **an Ästen, am Stamm**
  - Rindennekrosen, Absterbeerscheinungen durch Pilzinfektion (*Ceratocystis fimbriata* f. *platani*): Abb. 177
  - vernarbende Nekrosen an Ästen, Absterben von Zweigabschnitten durch Pilzinfektion (*Apiognomonia veneta*): Abb. 176; s. auch Blätter, Triebe
  - Saugschäden durch Schildlaus-Befall (Gemeine Kommaschildlaus: *Lepidosaphes ulmi*): vgl. Abb. 188
  - Absterben jüngerer Bäume, Fraßgänge mit Raupen im Holz durch Blausieb-Befall (*Zeuzera pyrina*): vgl. Abb. 149
  - Weißfäule im Holz; außen konsolenförmige, gelbbraune Fruchtkörper von Zottigem Schillerporling (*Inonotus hispidus*): Abb. 178

- **an Wurzeln/Stammbasis**
  - Weißfäule im Holz, am Stammgrund große, hellockerbraune, dachziegelartig übereinanderliegende Fruchtkörper von Riesenporling (*Meripilus giganteus*): vgl. Abb. 98

Abb. 174: Minierfraß durch Platanenminiermotte (*Phyllonorycter platani*)

EM: blattunterseits 2 bis 3 cm große, weißliche Platzminen, oberseits helle Sprenkelung, im Inneren Plätzefraß durch grünlichweiße Raupen (Pfeil), Verpuppung in der Blattmine; Falter goldbraun, 10 mm Spannweite
VM: *Apiognomonia veneta* (Abb. 176)
BK: abgefallene Blätter vernichten

Abb. 175: Blattverfärbung durch Platanennetzwanzen-Befall (*Corythucha ciliata*) »Platanenwelke«

EM: anfangs zahlreiche, weiße, zusammenfließende Punkte in Blattadernnähe (a) durch Saugtätigkeit von Larven; später bronzeartige Verfärbung der gesamten Blattfläche (b); blattunterseits schwarze Larven mit schwarzglänzenden Sekrettröpfchen und flugfähigen, 3 bis 4 mm langen Wanzen mit hellen, netzartigen Deckflügeln (c)

VM: Blattverfärbung durch Trockenheit (vgl. Abb. 315); Spinnmilben-Befall (vgl. Abb. 313)

BK: Beratung durch Pflanzenschutzdienste der Länder

Abb. 176: Blatt-, Trieb- und Rindenschäden durch Pilzinfektion (*Apiognomonia veneta*), »Apiognomonia-Krankheit« der Platane

EM: im Frühjahr Triebwelke und Triebsterben (a, Pfeil), später Zweigsterben und Rindenbrand an älteren Ästen (b), an Blättern langgestreckte, zackenartige Nekrosen (c, Blattbräune) mit Fruchtkörpern

VM: Frostschaden; Blattwelke durch *Ceratocystis fimbriata* (Abb. 177); Rindennekrosen und Blattfleckung durch Infektion anderer Pilzarten

BK: Falllaub entfernen; erkrankte Triebe ausschneiden

Abb. 177: Welke und Rindennekrose durch Pilzinfektion (*Ceratocystis fimbriata* f. *platani*), »Platanenwelke«

EM: Blattwelke und vorzeitiger Blattfall (a); längsverlaufende, erst schmale (b), dann breite, braune, nicht verheilende Rindennekrosen (c) mit violettem Rand; nach wenigen Jahren Absterben des Baumes (»Platanenkrebs«); bisher nur in südlichen Ländern

VM: Welke durch Dürreperioden; Rindennekrose durch *Apiognomonia veneta* (Abb. 176): hier Wunden überwallend

BK: gefährliche Erkrankung mit Abgang befallener Bäume: PSD-Beratung

Abb. 178: Weißfäule im Holz durch Pilzinfektion (Zottiger Schillerporling: *Inonotus hispidus*)

EM: an Stamm und dickeren Ästen konsolenförmige, anfangs rostrote, später braune, schließlich schwarze, 20 bis 30 cm große Fruchtkörper, meist hoch am Stamm oder in der Krone an Ästungswunden, eine Weißfäule verursachend; auch an Esche, Walnuss und Apfelbäumen

VM: Schwefelporling (*Laetiporus sulphureus*): Abb. 239

BK: frühzeitige Ästung; bei frischen Wundflächen Anwendung von Wundbehandlungsmitteln/Wundverschlussmitteln

Populus (Pappel)

- **an Blättern, Knospen, Trieben**
  - Vergilbung und vorzeitiger Blattfall durch Wassermangel: Abb. FAW
  - Blattverfärbung, Triebstauchung und Aststerben an Zitterpappel durch Phytoplasmen-Infektion: Abb. FAW
  - chlorotische Fleckung durch Virusinfektion (Pappelmosaikvirus): Abb. FAW
  - gelbe Sporenlager durch Rostpilzinfektion (*Melampsora*-Arten): Abb. FAW
  - schwarzbraun gesprenkelte Blätter oder Flecke, Blattwelke sowie vorzeitiger Blattfall durch Pilzinfektion (*Marssonina brunnea*): Abb. 179
  - weißliche Überzüge durch Echte Mehltaupilze (*Uncinula adunca*, *Phyllactinia guttata*): vgl. Abb. 45, 102
  - blasenartige Blattwölbungen durch Pilzinfektion (*Taphrina populina*): blattunterseits goldgelber Belag (Lupe), an Schwarz-Pappel
  - nekrotische Blattfleckung, Absterben von Triebspitzen durch Pilzinfektion (*Pollaccia radiosa*): Abb. FAW
  - hellgrünweißliche Sprenkelung durch Spinnmilben-Befall: vgl. Abb. 257, 313
  - Blattverfärbung und -deformation durch Gallmilben-Befall: Abb. FAW
  - Blatt- und Blattstielgallen durch Blasenlaus-Befall (*Pemphigus*-Arten): Abb. 180
  - nestartige Häufung verfärbter, mit Läusen besetzter Blätter der Zitterpappel durch Blasenlaus-Befall (*Asiphum tremulae*): Abb. FAW
  - Blattfraß durch Schmetterlingsraupen (Ringelspinner: Abb. 190; Goldafter: Abb. 18a; Eichenwickler: Abb. 208a; Kleiner Frostspanner: Abb. 18c)
  - Blattfraß, Lochfraß durch Gemeinen Weidenblattkäfer (*Phyllodecta vulgatissima*): Abb. FAW

- **an Ästen, am Stamm**
  - Zweigsterben im gesamten Kronenbereich durch Grundwasserabsenkung
  - Aufplatzen der Rinde (»Frostriss«) durch tiefe Temperaturen: vgl. Abb. 211
  - streifenartiger Rindenverlust durch Blitzeinwirkung: vgl. Abb. 212
  - Rindenbrandschäden an jungen Bäumen, Absterben von Ästen bei älteren Bäumen durch Pilzinfektion (*Cryptodiaporthe populea*): Abb. 181
  - gekröseartig aufbrechende Krebswunden an Stamm und Ästen durch Bakterieninfektion (*Xanthomonas populi* subsp. *populi*): vgl. Abb. 113
  - Aststerben durch »Rotpustelkrankheit« (*Nectria cinnabarina*): vgl. Abb. 19
  - Fraßschäden im Inneren von Ästen und Stämmen durch Schmetterlingsraupen (Blausieb, Abb. 149) oder Käferlarven (Großer und Kleiner Pappelbock, Abb.182; Weidenbohrer, vgl. Abb. 266)
  - im Kronenraum grüne, kugelige Büsche der Laubholz-Mistel: vgl. Abb. 318

- **an Wurzeln/Stammbasis**
  - verholzende, braune Wucherungen (»Wurzelkropf«) durch Bakterieninfektion (*Agrobacterium tumefaciens*): Abb. 52, 150
  - Weißfäule im Holz; gelbliche Fruchtkörper (Hutpilze) an Stammbasis durch Pilzinfektion (*Pholiota squarrosa*): Abb. 285

Abb. 179: Blattfleckung und vorzeitiger Blattfall durch Pilzinfektion (*Marssonina brunnea*)

EM: Blätter im Sommer braunschwarz gesprenkelt; Flecke häufig zusammenfließend (b); mit eingesenkten Fruchtkörpern, erkennbar an weißer Fruchtkörperöffnung (Lupe), Sporen zweizellig (Mikro); vorzeitiger Blattfall; Erkrankung sortenabhängig: 'Robusta' (a, Bild links) kaum, 'Marilandica' (a, Bild rechts) stark anfällig

VM: Blattverlust durch Trockenheit; *Marssonina populi*: Flecke größer, vereinzelt, rundlich, grau, Sporen größer (Mikro)

BK: Bevorzugung resistenter Sorten

Abb. 180: Gallen an Blättern und Blattstielen durch Blasenlaus-Befall (*Pemphigus*-Arten) an Pyramidenpappel; Wurzelläuse an Sekundärwirten

EM: a) Blattrippengallenlaus (*Pemphigus populinigrae*): blattoberseits auf Blattmittelrippe unregelmäßig rundliche Gallen mit spaltförmiger Öffnung unterseits; im Inneren blaugraue, wachsausscheidende Läuse (Galle aufgeschnitten); im Sommer Abwandern als Wurzelläuse auf Möhre; im Herbst Rückwanderung zur Pappel
b) Blattstielgallenlaus (*Pemphigus bursarius*): sackförmige Galle an Blattstielen mit schnabelförmiger Öffnung; im Sommer Abwandern der Läuse auf Korbblütler, hier an Zichorie und Salat besonders schädigend
c) Blattstieldrehlaus (*Pemphigus spyrothecae*): spiralförmige Galle am Blattstiel, anfangs grün, später rötlich bis bräunlich; Stiele werden verformt; kein Wirtswechsel

VM: *Taphrina populina*, »Goldfleckigkeit«: hellgrüne Blattwölbungen, unterseits mit goldgelbem Reif; Blattdeformation

BK: a und b): an jungen Bäumen befallene Blätter entfernen (Brutstätte von Wurzelläusen); c) nicht erforderlich

Abb. 181: Rindennekrosen, Absterben von Ästen durch Pilzinfektion (*Cryptodiaporthe populea*), »Rindenbrand der Pappel«

EM: an jüngeren Stämmen (a, Rinde entfernt) oder an Ästen älterer Bäume ellipsenförmige, bräunliche Rindennekrosen, die in der Regel nach 1 bis 2 Jahren überwallt werden (b, links); dünnere Äste können absterben (b, rechts); in der Rinde napfförmige, dunkle Sporenlager, die später noch als schwarze Vertiefungen erkennbar sind (b, Pfeil); Schwächeparasit nach Vorschädigung (z. B. durch Frost, c)

VM: *Xanthomonas populi* ssp. *populi*: gekröseartige Krebswunden (vgl. Abb. 113b)

BK: Anpflanzung resistenter *Populus canadensis*-Hybriden oder anderer Pappelarten (z. B. Silber-Pappel, Zitter-Pappel)

Abb. 182: Fraßschäden in Ästen und Stamm durch Käfer-Befall (*Saperda*-Arten)

EM: Großer Pappelbock (*Saperda carcharias*): in Ästen und glattrindigem Stamm vertikale, große Fraßgänge mit Larven im Holz (a); Auswurflöcher mit Holzspänen (b); Lochfraß an Blättern durch Käfer (c); Kleiner Pappelbock (*Saperda populnea*): knotenförmige Anschwellungen an dünnen Ästen und jungem Stamm (d), Fraßgang mit Larve im Inneren; besonders an Zitter- und Balsam-Pappeln

VM: Fraßschäden durch Schmetterlingsraupen

BK: vorbeugend gute Wachstumsbedingungen schaffen; befallene Äste bzw. Bäume entfernen

Prunus (Kirschlorbeer, Mandelbäumchen, Traubenkirsche, Schlehe, Zierformen von Kirsche und Pflaume)

- **an Blättern, Knospen, Blüten, Früchten**
  - Blattverbräunung durch Frosteinwirkung: Abb. 183
  - chlorotische Blattfleckung, Mosaik, Ausbrechen nekrotischer Flecke durch Virusinfektion: Abb. FAW
  - silbrig glänzende Blattverfärbung (»Bleiglanz«) durch physiologische Störung oder Pilzinfektion (*Chondrostereum purpureum*): Abb. 186
  - gelbe Flecke blattoberseits, braune Sporenlager blattunterseits durch Rostpilzinfektion (*Tranzschelia discolor*): vgl. Abb. 145c
  - rötliche, diffuse Blattfleckung durch Pilzinfektion »Sprühfleckenkrankheit« (*Phloeosporella padi*): Abb. FAW
  - rötlichbraune Blattfleckung, später Blattlöcher (»Schrotschusskrankheit«) durch Pilzinfektion (*Stigmina carpophila*): Abb. 184
  - hellgrüne, keulenförmige Blattgallen blattoberseits durch Gallmilben-Befall (Pflaumenblattgallmilbe: *Eriophyes padi*): Abb. 187
  - Gangminen an Blättern von Kirschlorbeer durch Miniermotten-Befall (*Lyonetia clerkella*): Abb. 189
  - Blattverformung an Kirschlorbeer mit unregelmäßigen, buckelartigen Wölbungen durch Blattlaus-Befall (*Rhopalosiphum* sp.): Abb. 185
  - Fraßschäden durch freifressende Schmetterlingsraupen (Goldafter: Abb. 18a; Ringelspinner: Abb. 190; Schlehenspinner: Abb. 191)
  - Fraßschäden durch Schmetterlingsraupen in Gespinsten, z. B. Pflaumengespinstmotte (*Yponomeuta padella*): Raupen 15 bis 20 mm lang, schmutzig gelbgrau bis graugrün, mit großen, schwarzen Punkten; auf Schlehe (auch Weißdorn): vgl. Abb. 87
  - Blattfraß durch Käfer-Befall (Buchtenfraß: Dickmaulrüssler, Abb. 219; Lochfraß: Blauer Erlenblattkäfer, Abb. 38c)
  - stark deformierte, oft hohle Früchte (»Narrentaschen«), oberflächlich bedeckt mit grauem Myzelflaum durch Pilzinfektion (*Taphrina*-Arten): Abb. 192

- **an Trieben**
  - Spitzendürre, Blütenwelke durch Pilzinfektion (*Monilinia laxa*): Abb. 194
  - Welke, Triebsterben durch Bakterieninfektion: Abb. 195
  - Welke, Absterbeerscheinungen durch Schildlaus-Befall (Gemeine Kommaschildlaus: *Lepidosaphes ulmi*): Abb. 188

- **an Ästen, am Stamm**
  - Hexenbesenbildung durch Pilzinfektion (*Taphrina wiesneri*): Abb. 193
  - Astwelke mit Gummifluss durch *Verticillium*-Infektion: vgl. Abb. 63
  - Holzfäule; Absterben von Stammpartien durch Pilzinfektion (Pflaumen-Feuerschwamm: *Phellinus tuberculosus*): Abb. 196
  - Fraßgänge im Holz mit Raupen durch Blausieb-Befall: vgl. Abb. 149

Abb. 183: Blattverfärbung durch Frosteinwirkung

EM: von der Blattspitze ausgehende Verbräunung; Verfärbung auch des ganzen Blattes unter Einrollen der austrocknenden Blattränder (Bild); Schaden meist auf exponierte Zweige beschränkt; großblättrige Sorten von *Prunus laurocerasus* besonders empfindlich

VM: Streusalzschäden (nur Blattränder hellbraun verfärbt); Dürreschäden (olivenbraune Verfärbung meist aller Blätter eines Strauches)

BK: Rückschnitt; Abdeckung im Winter; Bevorzugung resistenter Sorten

Abb. 184: Blattfleckung und Lochbildung an Kirschlorbeer durch Pilzinfektion (*Stigmina carpophila*), »Schrotschusskrankheit«

EM: rundliche, rotbraune Flecke, die später ausbrechen; beidseitig braune Sporenrasen; Konidien bräunlich, mehrzellig

VM: andere Pilzinfektionen; *Lyonetia clerkella* (Abb. 189)

BK: erkrankte Blätter frühzeitig entfernen; Bodenbearbeitung

Abb. 185: Blasenartige Blattverformung durch Blattlaus-Befall (*Rhopalosiphum* sp.)

EM: jüngere Blätter mit buckelartiger Verformung der Blattspreite; auch Blattverkrümmungen; punktförmige, im Durchlicht helle Stichstellen (Lupe); blattunterseits 3 bis 4 mm lange, hellfarbene, gelblichgrüne Läuse mit dunklen Siphonen und auffallend langen Beinen

VM: andere Blattlausarten

BK: nicht erforderlich

Abb. 186: Silbrige Blattverfärbung (»Bleiglanz«) durch physiologische Störung oder Pilzinfektion (*Chondrostereum purpureum*)

EM: Blätter (hier bei Mandelbäumchen) silbrig, bleifarbig glänzend (a), entweder nach Verwundung junger Bäume, durch Ernährungsstörungen bzw. extreme Witterungsbedingungen oder durch Toxine des Violetten Schichtpilzes (*Chondrostereum purpureum*): auf toter Rinde mehr oder weniger anliegende, 2 bis 4 cm große Pilzfruchtkörper mit violetter oder schwach purpurfarbener Unterseite, oft in Nähe von Verletzungen (b); Weißfäuleerreger

VM: Diagnose (Bleiglanzursache) durch Fachleute

BK: physiologische Störungen vermeiden; bei Pilzinfektion erkrankte Bäume roden; nur entrindete, mit Holzschutzmittel behandelte Laubholzpfähle verwenden (Fruchtkörperbildung auch am toten Holz)

Abb. 187: Blattdeformation, Blattgallen durch Gallmilben-Befall (Pflaumenblattgallmilbe: *Eriophyes padi*), hier an *Prunus padus*

EM: blattoberseits grünliche bis schwach rötlich gefärbte, horn- oder keulenförmige, bis 3 mm lange Beutelgallen mit behaarter Öffnung blattunterseits, in Nervenwinkeln oder auf der gesamten Blattfläche verteilt; im Inneren Milben (Mikro); auch auf anderen Prunus-Arten

VM: Gallen durch andere Schädlinge (s. Literatur)

BK: nicht erforderlich

Abb. 188: Absterbeerscheinungen durch Schildlaus-Befall (Gemeine Kommaschildlaus: *Lepidosaphes ulmi*)

EM: lichtbraun glänzende, später dunkelbraune bis schwärzliche, 1 bis 4 mm große, weibliche Schildläuse mit kommaförmigem Schild; Männchen mit 1 bis 1,5 mm großem, schmäleren Schild; polyphag; stark befallene Äste vertrocknen und sterben ab

VM: andere Schildlaus-Arten (s. Literatur)

BK: schwer bekämpfbar; Behandlung mit einem für Schildläuse zugelassenen (vorzugsweise ölhaltigen) Mittel

Abb. 189: Minierfraßschäden durch Raupen der Obstbaumminiermotte (*Lyonetia clerkella*), hier an Kirschlorbeer

EM: blattoberseits schlangenartige, schmale, hellbräunliche Gangminen, die sich allmählich verbreitern; vom Minengang eingeschlossene Blattpartien sterben ab, fallen aus, Löcher bleiben zurück (a); am Ende der Gangmine grünlichweißes, 5 bis 8 mm langes Räupchen, Kopf und Beine braun (b, freigelegt); Verpuppung an Blättern in weißen Kokons; 3 Generationen im Jahr; an zahlreichen anderen Gehölzen, vor allem Rosaceen

VM: Pilzinfektionen (z. B. *Stigmina carpophila*, Abb. 184)

BK: befallene Blätter entfernen; chemische Behandlung bei Ziergehölzen nicht erforderlich

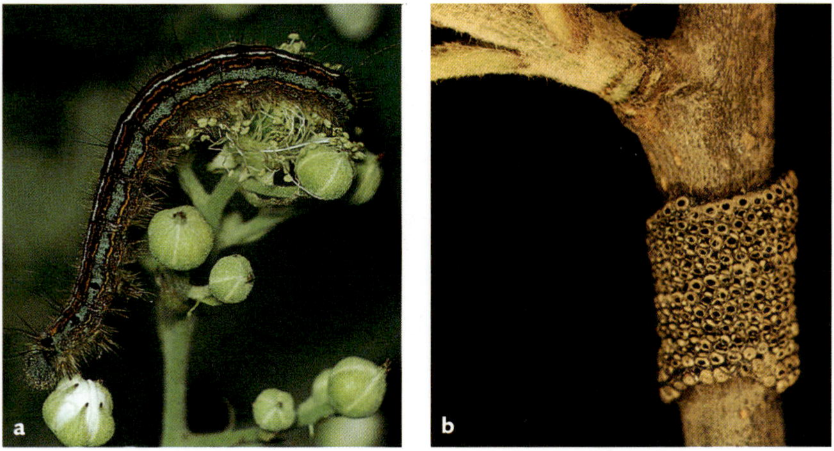

Abb. 190: Fraßschäden durch Schmetterlingsraupen (Ringelspinner: *Malacosoma neustria*)

EM: Raupen anfangs schwarz, später gelblichbraun mit weißer Rückenlinie und braunen und roten Längsstreifen, bis 5 cm lang (a); Ei-Gelege in spiraligem Bogen an dünnen Ästen (b), im Frühjahr Gespinste in Astgabeln, später Gespinststraßen mit Knospen- und Blattfraßschäden; häufig Kahlfraß; besonders an Straßenbäumen und Sträuchern; polyphag

VM: andere Schmetterlingsraupen (s. Übersicht)

BK: Ei-Gelege vernichten, Raupen absammeln; biologische Bekämpfung durch Anwendung von *Bacillus thuringiensis*-Präparaten

Abb. 191: Fraßschäden an Blättern durch Schmetterlingsraupen (Schlehenspinner: *Orgyia antiqua*)

EM: junge Raupen schwarz, Altraupen rotgelb und weiß gestreift, 30 bis 35 mm lang, an Kopf und Rücken mit gelben oder grauen Haarbüscheln, polyphager Schädling; verursacht Blattverluste; schädigt auch Knospen und Blüten

VM: andere Schmetterlingsraupen (z. B. Abb. 190)

BK: s. Text Abb. 190

Abb. 192: Deformation von Früchten, durch Pilzinfektion, a) *Taphrina pruni* an Blut-Pflaume, b) *Taphrina padi* an Traubenkirsche, »Narrentaschenkrankheit«

EM: deformierte, verkümmerte Früchte mit runzeliger Oberfläche und grauweißem Belag (a), später durch sekundäre *Cladosporium*-Infektion teilweise olivbraun (b); Nachweis von Asci und sprossenden Ascosporen (Mikro)

VM: *Monilia fructigena*: polsterförmige, gelbbraune Myzelkissen

BK: a) befallenen Früchte entfernen (Verhütung weiterer Ausbreitung); im Obstbau gefürchteter Erreger einer Fruchtfäule

Abb. 193: Hexenbesenbildung durch Pilzinfektion (*Taphrina wiesneri*), hier an Süß-Kirsche

EM: besenartig zusammenstehende Triebe mit dichter, früher Belaubung und Unterdrückung der Blütenbildung, blasige Auftreibungen auf den Blättern mit mehligweißem Belag blattunterseits durch Sporenschläuche (Mikro)

VM: Vogelnester

BK: befallen Äste ausschneiden

Abb. 194: Triebspitzendürre und Triebsterben durch Pilzinfektion (*Monilinia laxa*), hier an Mandelbäumchen, »Monilia-Triebsterben«

EM: Blätter und Blüten welken, werden braun, einzelne Triebe sterben ab; auf abgestorbener Rinde graue Myzelrasen der Konidienform (*Monilia laxa*) mit kettenförmig aneinandergereihten Sporen (Mikro)

VM: Frostschaden (nur Blüten oder Blätter betroffen); *Verticillium dahliae* (Welke, ringförmige Verfärbung auf Astquerschnitt, vgl. Abb. 330)

BK: welke Zweige bis ins gesunde Holz zurückschneiden; chemische Behandlung nur bei Steinobst

Abb. 195: Triebsterben und Gummose durch Bakterieninfektion (*Pseudomonas syringae* pv. *mors prunorum*), »Bakterienbrand«

EM: an jungen Blättern dunkelgrüne, durchwässert erscheinende, später rotbraune Flecke mit hellem Hof; Flecke fallen aus; Rindennekrosen mit Gummifluss (im Bild angeschnitten); Absterben der Zweige oberhalb der Infektionsstelle; Bakteriennachweis durch Fachleute

VM: *Monilinia laxa* (Abb. 194); Gummifluss durch mechanische Beschädigung

BK: erkrankte Pflanzenteile entfernen

Abb. 196: Absterben von Ästen und Stammpartien durch Pilzinfektion (Pflaumen-Feuerschwamm: *Phellinus tuberculosus*), hier an Blut-Pflaume

EM: auf Ästungswunden oder abgestorbener Rinde 7 bis 12 cm breite, konsolenförmige (a) oder flach anliegende (b) Fruchtkörper mit fuchsroter bis gelbbrauner Porenschicht; Wundparasit; Urheber von Rindennekrosen und Holzfäulen in Stamm und Ästen (c)

VM: andere holz- und rindenzerstörende Pilze (z.B. *Trametes versicolor*, Abb. 32b)

BK: erkrankte Äste frühzeitig abnehmen; Vermeiden größerer Ästungswunden; bei frischen Schnittwunden Anwendung eines Wundverschlussmittels

Pseudotsuga (Douglasie)

- **an Nadeln**
- – gelblichgrüne Verfärbung erst älterer, dann jüngerer Nadeln durch Magnesium-Mangel: vgl. Abb. 152
- – von der Nadelspitze ausgehende, blassgelbe bis violettbraune Verfärbung vorwiegend älterer Nadeln durch Kalium-Mangel: Abb. FAW
- – gelbe bis rotbraune Verfärbung der Spitzen älterer Nadeln durch Winterfrost oder vollständige Verfärbung jüngster Nadeln durch Frosttrocknis: Abb. FAW
- – Nadelverbräunung durch Streusalzeinwirkung: Abb. 151
- – orangebraune Nadelfleckung und Nadelschütte durch Pilzinfektion, »Rostige Douglasienschütte« (*Rhabdocline pseudotsugae*): Abb. 197
- – graubraune Verfärbung nadelunterseits mit sehr kleinen, schwarzen, reihig angeordneten Fruchtkörpern durch Pilzinfektion, »Rußige Douglasienschütte« (*Phaeocryptopus gaeumannii*): Abb. FAW
- – einheitliche Nadelverfärbung durch Hallimaschinfektion (*Armillaria*-Arten): vgl. Abb. 165; s. auch Wurzel/Stammbasis
- – chlorotische Fleckung, Nadelkrümmung, wollige Wachsausscheidungen durch Douglasienwolllaus-Befall (*Adelges cooleyi*): Abb. 198

- **an Trieben**
- – Welke und Absterben von Maitrieben durch Spätfrost: Abb. FAW
- – Welke und Absterben von Maitrieben durch Grauschimmelinfektion (*Botrytis cinerea*): Abb. FAW

- **an Ästen, am Stamm**
- – Rindennekrosen an älteren Bäumen, Gipfelsterben an jungen Bäumen durch Pilzinfektion (*Phacidium coniferarum*): Abb. FAW
- – Wundfäule mit Pilzfruchtkörpern an Astungswunden durch Pilzinfektion (Blutender Schichtpilz: *Stereum sanguinolentum*): Abb. FAW
- – Fraß (Sterngang) zwischen Rinde und Holz an geschwächten Bäumen durch Kiefernborkenkäfer (*Pityogenes bidentatus*) und andere Borkenkäfer (z. B. *Ips typographus*): Abb. FAW

- **an Wurzel/Stammbasis**
- – Absterben junger Bäume mit konsolenförmigen Fruchtkörpern am Stammfuß und Wurzelhals durch Pilzinfektion (Wurzelschwamm: *Heterobasidion annosum*): Abb. FAW
- – an der Stammbasis Harzautritt; im Herbst hutförmige, bräunliche Fruchtkörper; Absterben jüngerer Bäume durch Hallimaschinfektion (*Armillaria*-Arten): vgl. Abb. 165

Abb. 197: Nadelverfärbung und Nadelfall durch Pilzinfektion (*Rhabdocline pseudotsugae*), »Rostige Douglasienschütte«

EM: im Sommer nadeloberseits hellgrüne, von Herbst bis Frühjahr orangegelbe Flecke (a); bei Austrieb nadelunterseits orangegelbe bis rostbraune Fruchtkörper, bei Feuchtigkeit kissenförmig aufwölbend (b, Lupe); später braune Nadelverfärbung und Abfallen stärker erkrankter Nadeln

VM: Frostschaden (Abb. FAW); Douglasienwolllaus-Befall (Abb. 198)

BK: Bevorzugung weniger anfälliger 'Viridis'-Formen

Abb. 198: Douglasienwolllaus-Befall (*Adelges* [*Gilleteella*] *cooleyi*)

EM: an jüngsten Nadeln gelbgrüne, an älteren gelbe bis braune Flecke; an Saugstellen oft gekrümmt; Läuse mit weißer Wachswolle; Wirtswechsel mit Sitka-Fichte

VM: *Adelges coweni*: ohne Wirtswechsel; Nadelverfärbung durch Frost (Abb. FAW)

BK: in der Regel nicht erforderlich; bei Einzelbäumen evtl. Behandlung mit einem für Woll- oder Schmierläuse zugelassenen Mittel

Pyracantha (Feuerdorn)

• an Blättern, Blüten, Früchten

- weißlicher, mehlartiger Überzug durch Echten Mehltaupilz (*Podosphaera clandestina*): vg. Abb. 45, 102
- olivbraune bis schwarze Fleckung auf Blättern, Blüten, Früchten durch Schorfpilzinfektion (*Spilocaea pyracanthae*): Abb. 200; s. auch Äste, Triebe
- gelblich-rote, gelbgerandete, polsterartige Auftreibungen blattoberseits, unterseits zerschlitzte Sporenlager (Äcidien) durch Rostpilzinfektion (*Gymnosporangium juniperinum*): vgl. Abb. 202; Wirtswechsel mit Wacholder: vgl. Abb. 125
- längliche Platzminen blattoberseits, später Blattfaltung durch Raupen der Feuerdornminiermotte (*Phyllonorycter leucographella*): Abb. 199

• an Ästen, Trieben

- schwärzliche Flecke, aufplatzende Rindenpartien (»Grind«) durch Schorfpilzinfektion (*Spilocaea pyracanthae*): Abb. 200
- beulenartige Anschwellungen, bedeckt mit weißer Wachswolle durch Blutlaus-Befall (*Eriosoma lanigerum*): Abb. 201
- Triebwelke, Triebverkrümmung mit braunschwarzer Verfärbung durch Bakterieninfektion, »Feuerbrand« (*Erwinia amylovora*): vgl. Abb. 77

Abb. 199: Blattfleckung durch Befall der Feuerdornminiermotte (*Phyllonorycter leucographella*)

EM: blattoberseits große, silbrige Platzmine entlang der Mittelrippe, innen mit Räupchen; später Längsfaltung der Blätter; stark minierte Blätter fallen ab

VM: keine

BK: nicht erforderlich

Abb. 200: Blattfleckung und »Grind« durch Schorfpilzinfektion (*Spilocaea pyracanthae*)

EM: Früchte schmutzig grau verfärbt (a), anfangs überzogen von olivenbraunem Myzelrasen (b, Lupe) mit grünlichbraunen, verkehrt birnförmigen Sporen (Mikro), später grindartig aufplatzend; Blätter oberseits mit rötlichen bis grünlichbraunen Flecken; unterseits Flecke braunschwarz mit fingerförmigem Rand (c); an Trieben aufplatzende Rindenpartien (»Grind«); häufige Erkrankung vor allem in nassen Sommern; sortenabhängig

VM: keine

BK: nicht erforderlich

Abb. 201: Beulenartige Anschwellungen an Ästen durch Blutlaus-Befall (*Eriosoma lanigerum*), »Blutlauskrebs«

EM: an Ästen halbkugelige bis knotenförmige Anschwellungen der Rinde und des Holzes durch Saugen 1 bis 2 mm großer, anfangs rötlichgelber, später rotbrauner, gedrängt zusammensitzender Läuse (Lupe), eingehüllt in weiße, watteähnliche Wachsausscheidungen; bei Zerdrücken Austreten blutroter Körperflüssigkeit; jährlich mehrere Generationen teils geflügelter, teils ungeflügelter Läuse mit überwiegend parthenogenetischer Entwicklung; ältere Stadien häufig von Blutlauszehrwespe (*Aphelinus mali*) parasitiert: angestochene Blutläuse sind schwarz, ohne Flaum, teils mit Ausflugloch des Parasiten. Vorkommen von Blutläusen überwiegen bei Kernobstgewächsen, schädlich vor allem bei Apfel (Zweige werden verunstaltet, Äste können absterben)

VM: Schildlaus-Befall (Fehlen weißer Wachswolle)

BK: befallene Pflanzenteile entfernen; bei beginnender Wachswollbildung im Mai Behandlung mit einem für saugende Insekten an Zierpflanzen zugelassenen Mittel

Pyrus (Birne)

- **an Blättern, Trieben**
- – Fleckung, Ring- und Linienmuster durch Virusinfektion (Chlorotisches Blattfleckenvirus des Apfels); BK: nicht als Vermehrungsmaterial benutzen
- – weißlicher, mehlartiger Überzug auf beiden Blattseiten bzw. blattunterseits durch Echte Mehltaupilze (*Podosphaera*-Arten bzw. *Phyllactinia mali*): vgl. Abb. 102
- – blasenartige Blattwölbungen, oberseits gelbliche Fleckung, unterseits grauweißer Belag (Asci) durch Pilzinfektion (*Taphrina bullata*)
- – olivbraune bis schwärzliche Fleckung auf Blättern und Trieben durch Schorfpilzinfektion (*Fusicladium pyrorum*): vgl. Abb. 146; im Frühjahr Bildung der Hauptfruchtform *Venturia pyrina* auf abgefallenen Blättern
- – gelbrote Blattflecken oberseits, bräunliche Sporenpusteln blattunterseits durch Rotstpilzinfektion (*Gymnosporangium sabinae*): Abb. 202
- – Blattfleckung durch Pilzinfektion (*Ascochyta piricola*: weißgraue, glänzende Flecke; *Septoria piricola*: graue bis hellbraune, schwarzbraun berandete, bis 2 mm große Flecke): Bestimmung nach Sporenmerkmalen
- – Absterbeerscheinungen (»Feuerbrand«) durch Bakterieninfektion (*Erwinia amylovora*): vgl. Abb. 77, 82
- – Blatttkräuselung, Triebverkrüppelung durch Birnenblattsauger-Befall (*Psylla pirisuga*): vgl. Abb. 56
- – hellgrüne bis gelbliche, mit bräunlichen Milben besetzte Pocken (Pickelgallen) beidseitig durch Gallmilben-Befall (Birnenpockenmilbe: *Eriophyes pyri*): vgl. Abb. 282

- **an Ästen, am Stamm**
- – Welke und Absterbeerscheinungen, Verfärbungen im Leitbündelbereich (Astquerschnitt!) durch Pilzinfektion (*Verticillium alboatrum*): vgl. Abb. 330
- – Absterben von Ästen mit roten, stecknadelkopfgroßen Pilzfruchtkörpern auf toter Rinde durch Pilzinfektion (*Nectria*-Arten): vgl. Abb. 19
- – Rindennekrose am Stammgrund durch Pilzinfektion (*Phytophthora cactorum*): vgl. Abb. 286
- – knotenartige Verdickungen und Absterbeerscheinungen durch Blutlaus-Befall (*Eriosoma lanigerum*): vgl. Abb. 201

Abb. 202: Blattfleckung durch Birnen-Gitterrost (*Gymnosporangium sabinae*)

EM: anfangs leuchtend gelbe, später orangerote Flecke blattoberseits (a); ab Spätsommer Sporenbehälter als gitterartige Pusteln blattunterseits (b); bei starkem Befall vorzeitiger Blattverlust, Neuaustrieb möglich; Wirtswechsel mit *Juniperus*-Arten, hier als »Wacholderrost« bekannt (vgl. Abb. 125)

VM: keine

BK: *Pyrus*- und *Juniperus*-Arten nicht im selben Areal anpflanzen bzw. Abstand von mindestens 500 m halten

Quercus (Eiche)

- **an Blättern, Knospen**
- Blattvergilbung (»Chlorose«) durch Eisen/Mangan-Mangel: Abb. 203
- chlorotische Scheckung, Blattdeformation durch Virusinfektion: Abb. FAW
- grauer, abwischbarer Überzug blattoberseits durch Rußtaupilze: Abb. FAW
- weiße Fleckung, mehlartiger Überzug durch Eichenmehltaupilz: Abb. 204
- braune Blattfleckung durch Pilzinfektion (*Apiognomonia quercina*): Abb. 207d
- Blattfleckung durch Eichenzwerglaus-Befall (*Phylloxera glabra*): Abb. 205
- Saugschäden durch Blattfloh-Befall (*Trioza remota*) mit nachfogender Pilzentwicklung von *Kabatiella apocrypta*: Abb. 206
- weißliche Sprenkelung blattoberseits durch Zwergzikaden-Befall (*Typhlocyba quercus*): vgl. Abb. 16
- Gallenbildungen durch Gallwespen: Abb. 207
- weiße, größere Blattminen (Platzminen) durch Raupen der Eichenminiermotte (*Tischeria complanella*)
- Blattfraß durch andere Schmetterlingsraupen (Eichenwickler: Abb. 208a; Großer Frostspanner: Abb. 208c; Mondvogel Abb. 208b; Schlehenspinner: Abb. 191; Schwammspinner: Abb. 316; Ringelspinner: Abb. 191; Eichentriebzünsler: Abb. 208d)
- Blattwickel durch Käfer-Befall (*Attelabus nitens*) oder Wicklerraupen (*Batodes angustioranus*): Abb. 209
- Blattschäden durch Käfer-Befall (z. B. Eichenspringrüssler: vgl. Abb. 95; Feldmaikäfer: Abb. 210)

- **an Trieben**
- Welke und Absterben von Maitrieben durch Spätfrost: Abb. FAW
- Abwerfen beblätterter Kurztriebe im Herbst (»Astabsprünge«): Abb. FAW

- **an Ästen, am Stamm**
- Absterben von Ästen und Degeneration des Baumes durch biotisch-abiotischen Ursachenkomplex, »Eichensterben«: Abb. FAW
- längs verlaufende »Blitzrinne« am Stamm durch Blitzschlag: Abb. 212
- längs verlaufende »Wundleiste« nach radialer Rißbildung im Holz: Abb. 211
- krebsartige Deformation durch Pilzinfektion (*Stereum rugosum*): Abb. FAW
- Stammanschwellung an Roteiche mit feldrig aufbrechender Rinde durch Pilzinfektion, »Pezicula-Krebs« (*Pezicula cinnamomea*): Abb. FAW
- konsolenförmige Fruchtkörper am Stamm, Holzfäule durch Pilzinfektion, z. B. Ochsenzunge (*Fistulina hepatica*): Abb. FAW; Eichen-Feuerschwamm (*Phellinus robustus*): Abb. 213; Eichenwirrling (*Daedalea quercina*): Abb. 214; Schwefelporling (*Laetiporus sulphureus*): vgl. Abb. 239

- **an Wurzeln/Stammbasis**
- konsolenförmige, braune Pilzfruchtkörper am Stammgrund, Weißfäule im Holz durch Pilzinfektion (Lackporlinge, *Ganoderma*-Arten): Abb. 97
- Wurzel- und Stammfäule durch Hallimaschinfektion: vgl. Abb. 165

Abb. 203: Blattverfärbung durch Eisen/Mangan-Mangel, »Kalkchlorose«

EM: einzelne Äste oder ganze Krone mit gelbgrünen bis leuchtend gelben Blättern (a); auf ganzer Blattspreite blassgelbgrüne, netzartig fleckige, oft zusammenfließende Chlorose (b); Blattadern bis in feinste Verästelungen schmal grün gesäumt (b); besonders auf Kalkstandorten oder nach Bodenkalkung

VM: Magnesium-Mangel (vgl. Abb. 89); gelbblättrige Formen von Ziereiche

BK: keine kalkhaltigen Düngergaben; Bodenverbesserung durch eisenhaltige Präparate

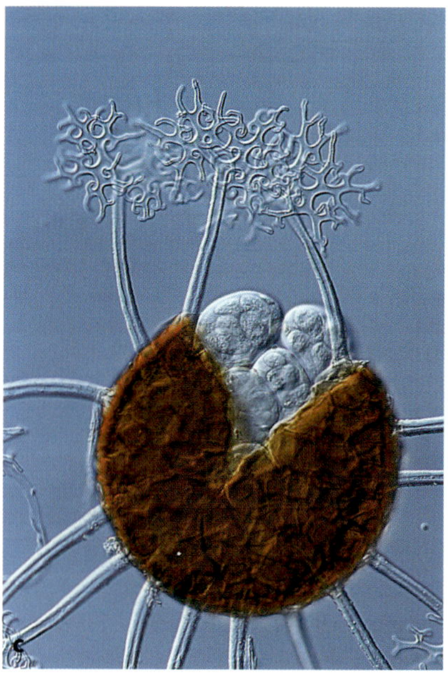

Abb. 204: Weißliche Blattfleckung durch Eichenmehltau (*Microsphaera alphitoides*)

EM: im Frühstadium chlorotische Blattfleckung, später weißlicher Überzug, der die gesamte Blattfläche oberseits einnehmen kann (a); bei starkem Befall Missbildungen der Triebspitze und Deformation der Blätter; besonders an Johannistrieben; ab Spätsommer dunkle, kugelige Fruchtkörper (b, Lupe), außen mit typischen, verzweigten Anhängseln, innen mit Asci und je 8 Ascosporen (c, Mikro)

VM: keine

BK: mehrmalige Behandlung mit einem für Echte Mehltaupilze zugelassenen (vorzugsweise schwefelhaltigen) Mittel, beschränkt auf Jungkulturen und Baumschulen

Abb. 205: Blattfleckung durch Eichenzwerglaus-Befall (*Phylloxera glabra*)

EM: oberseits zahlreiche, rundliche, gelbe bis orangefarbene Flecke (a); unterseits dichte, kreisförmig angeordnete Ei-Gelege (b, Lupe)

VM: Gallwespen-Befall (Abb. 207c)

BK: nicht erforderlich

Abb. 206: Blattwölbung, Blattdeformation durch Blattfloh-Befall (Eichenblattfloh: *Trioza remota*)

EM: blattunterseits kleine Vertiefungen durch Saugen von sesshaften, 1 bis 2 mm großen, gelblichen Larven, häufig abgetötet durch endophytische Pilze (hier durch *Kabatiella apocrypta*) mit nachfolgender Entstehung hellbrauner Blattflecke (Bild); Schäden unbedeutend

VM: Eichenzwerglaus-Befall (Abb. 205); Zwergzikaden-Befall (vgl. Abb. 16)

BK: nicht erforderlich

Abb. 209: Blattwickel durch Käfer (a, b) oder Schmetterlingsraupen (c)

EM: a, b) Eichenblattroller (*Attelabus nitens*): an Blattmittelrippe aufgehängte Rolle (a) mit gelben Eiern, später Käferlarven, die im abgefallenen Wickel überwintern und sich im Frühjahr verpuppen; Rüsselkäfer rötlich (b)
c) Wickler (*Batodes angustioranus*): Blattrolle mit Gespinstfäden und Fraßschäden am apikalem Blattende; grünliche oder gelbgrüne Raupe mit grünem oder braunem Kopf (vgl. Abb. 73)

VM: c) andere Wicklerarten

BK: an jungen Bäumen Käferwickel entfernen

Abb. 210: Fraßschaden durch Feldmaikäfer (*Melolontha melolontha*)

EM: Blattfraß der Käfer (a, b) an Bäumen in Nähe von Eiablageplätzen in Schwärmen ab April bis Mai nach drei bis vierjährigem Entwicklungszyklus; befressen werden neben Eiche auch Ahorn, Hainbuche, Rotbuche (nicht aber Nadelbäume); Larven (»Engerlinge«) an Wurzeln zahlreicher Forstpflanzen (c); auch an verschiedenen Kräutern

VM: Waldmaikäfer (*Melolontha hippocastani*): morphologisch geringe Unterschiede, in Forstkulturen vorkommend

BK: gegen Engerlinge biologische Bekämpfung mit insektenparasitären Nematoden oder insektenpathogenen Pilzen (PSD-Beratung)

Abb. 211: Wundleisten durch abiotisch/biotischen Faktorenkomplex

EM: stammparallele, aus Stammrissen entstandene Wundleisten (a), die bei Frost periodisch aufreißen und wieder überwallen (b); Auslöser sind Mikroorganismen, die ihren Ausgangspunkt von Wundstellen nehmen

VM: überwallte, äußerliche Rindenverletzungen

BK: Rindenverletzungen vermeiden; Wundpflege

Abb. 212: »Blitzrinne« durch Blitzeinschlag

EM: meterlange, häufig von der Krone bis zum Stammfuß reichende Ablösung von Rinde und Splintholzteilen; in der Mitte des Streifens rillenartige »Entladungsspur«

VM: Frostschäden; endogene Stammrisse (Abb. FAW)

BK: wegen sekundärer Fäuleentwicklung zeitige Stammentnahme

Abb. 213: Stammfäule durch Infektion holzzerstörender Pilze (Eichen-Feuerschwamm: *Phellinus robustus*)

EM: sehr harte, wulstige, faustgroße, mehrjährige Fruchtkörper mit graubrauner Oberseite und zimtbrauner, porentragender Unterseite; im oberen Stammbereich älterer Eichen um Astbruchstellen; Weißfäuleerreger; tötet Splintholz und Rinde ab

VM: andere konsolenbildende Basidiomyceten (z. B. Abb. 214)

BK: Vermeiden von Rindenverletzungen und größeren Astungswunden; frühzeitige Aufastung; Wundbehandlung

Abb. 214: Holzfäule in Stamm und Stubben durch Pilzinfektion (Eichenwirrling: *Daedalea quercina*)

EM: 5 bis 20 cm große, konsolenförmige, ledrigzähe, blassbräunliche Fruchtkörper mit runzeliger Oberseite und labyrinthisch-lamellenartiger Unterseite (a); einzeln an Ästungswunden am Stamm (b) oder zu mehreren an Stubben (c); Braunfäuleerreger; an Stubben ökologisch wertvoller Holzzersetzer

VM: andere konsolenbildende Basidiomyceten (z. B. Abb. 213)

BK: größere Ästungswunden vermeiden; frühzeitige Aufastung; Wundpflege

Rhamnus (Kreuzdorn, Faulbaum)

- **an Blättern, Knospen**
  - mosaikartige Fleckung und Blattdeformation (Kreuzdorn) oder chlorotische Fleckung längs der Blattadern (Faulbaum) durch Virusinfektion; BK: nicht möglich, erkrankte Pflanzen entfernen
  - weißlicher Überzug durch Echte Mehltaupilze, blattoberseits (*Microsphaera friesii*) bzw. blattunterseits (*Phyllactinia guttata*): vgl. Abb. 102, 45
  - gelbe Flecke (Faulbaum) mit pustelartigen Sporenlagern blattunterseits durch Rostpilzinfektion (*Puccinia coronata*): Abb. 215
  - Blattfleckung durch Pilzinfektion (z. B. *Cercospora rhamni*: olivbraune Flecke, Fruchtkörper mit mehrzelligen, langgestreckten Sporen; *Asteromella vogelii*: unregelmäßig geformte, ziegelrotbraune Flecke, Fruchtkörper mit sehr kleinen, elliptischen Sporen); Differenzialdiagnose an Hand von Sporenmerkmalen
  - blattunterseits graue, weißliche bis rötliche, oft von Blattadern ausgehende Filzrasen durch Gallmilben-Befall (*Eriophyes*-Arten): vgl. Abb. 17d
  - Blätter mit fleischig verdicktem, nach oben umgebogenem Rand durch Blattfloh-Befall (*Trichochermes walkeri*), an *Rhamnus cathartica*
  - Blattrollung und -kräuselung durch hellgrüne, 2 bis 2,3 mm große Kreuzdornblattlaus (*Aphis nasturtii*) oder dunkelgraugrüne, auf Faulbaum beschränkte Faulbaumblattlaus (*Aphis frangulae*)

- **an Ästen, Trieben**
  - verdickte, verbogene Triebe durch Rostpilzinfektion (Kronenrost: *Puccinia coronata*): Abb. 215
  - angeschwollene Triebe mit muldenförmigen Vertiefungen durch Schildlaus-Befall (Weidenschildlaus: *Chionaspis salicis*): Schild von Weibchen weiß bis gelblichweiß, birnförmig; Schild von adultem Männchen orangegelb bis rot; Larve rostrot; polyphag
  - Absterben von Ästen durch Pilzinfektion (*Nectria cinnabarina*): vgl. Abb. 19

Abb. 215: Blattfleckung und Triebdeformation durch Rostpilzinfektion (*Puccinia coronata*), »Haferkronenrost«, an Faulbaum (*Rhamnus frangula*)

EM: pustelartige, gelbe bis orangefarbene Sporenlager blattunterseits (a) sowie an verkrümmten Blütenstielen und deformierten Trieben (b)

VM: ähnliche Sporenlager auf *Rhamnus cathartica* durch *Puccinia lolii*

BK: Faulbaum bzw. Kreuzdorn von Gramineen (besonders Hafer) getrennt halten (Wirtswechsel!); erkrankte Triebe entfernen

Rhododendron (Rhododendron, Azalee)

- **an Blättern, Knospen, Blüten**
- welkende, hängende Blätter, Blattdürre durch Wassermangel: Abb. 226
- chlorotische Blattverfärbung durch Eisenmangel: Abb. 216
- chlorotische Fleckung, Blattmosaik durch Virusinfektion: Abb. 217
- weißlicher Überzug blattunterseits durch Echten Mehltaupilz (*Microsphaera digitata* und andere Arten): vgl. Abb. 204
- bleigraue Blattverfärbung durch Pilzinfektion (»Bleiglanz«): vgl. Abb. 186
- Blattfleckung durch verschiedene Pilzarten (*Glomerella cingulata*; *Cercoseptoria handelii*): Abb. 218
- Knospenfäule durch Pilzinfektion (*Pycnostysanus azaleae*): Abb. 223
- weißliche Blattgallen durch Pilzinfektion (*Exobasidium*-Arten): Abb. 224
- chlorotische Sprenkelung durch Netzwanzen-Befall (*Stephanitis rhododendri*): Abb. 220
- chlorotische Sprenkelung blattoberseits, bräunliche Verfärbung unterseits durch Zwergzikaden-Befall (*Graphocephala fennahi*): Abb. 221
- chlorotische Sprenkelung durch Mottenschildlaus-Befall, »Weiße Fliege« (Rhododendron-Mottenschildlaus: *Dialeurodes chittendeni*)
- silbrige Sprenkelung durch Befall von Blasenfüßen (*Thrips*-, *Heliothrips*-Arten): Abb. 222
- Blattdeformation an Sproßspitzen durch Blattlaus-Befall: vgl. Abb. 185
- Platz- und Gangminen an Azaleen mit 1 cm langen, gelblichgrünen Räupchen in versponnenen Blättern durch Azaleenmotte (*Gracillaria azaleella*)
- Minierfraß, später Lochfraß durch 2 cm lange Wicklerraupe (*Batodes angustioranus*) in zusammengesponnenen Blättern: vgl. Abb. 209c
- Buchtenfraß durch Käfer von Dickmaulrüssler (häufigste Art: *Otiorhynchus sulcatus*): Abb. 219

- **an Ästen, Trieben**
- Welke und Absterbeerscheinungen durch Pilzinfektion (*Verticillium alboatrum*): Abb. 225
- Triebsterben von der Triebspitze abwärts, Blattverfärbung von der Blattbasis ausgehend durch Pilzinfektion (*Phytophthora ramorum*); Differenzialdiagnose durch Fachmann
- Absterbeerscheinungen durch Hallimaschinfektion: vgl. Abb. 165
- Welke nach Fraßschaden an Wurzeln durch Rüsselkäferlarven (Gefurchter Dickmaulrüssler: *Otiorhynchus sulcatus*): Abb. 295; s. auch Wurzeln
- Saugschäden an Trieben und Blättern durch Schmierläuse (*Phenacoccus aceris*): vgl. Abb. 86, 116

- **an Wurzeln/Stammbasis**
- Fraßschaden durch Larven von Dickmaulrüssler: Abb. 295
- Fäule durch Pilzinfektion (*Phytophthora cactorum*): vgl. Abb. 296

Abb. 216, oben: Blattverfärbung durch Eisenmangel/Manganüberschuss (»Kalkchlorose«)

EM: Blätter chlorotisch, zunächst an jungen, dann an älteren Sträuchern, später mit Nekrosen; Blattfall; chemische Analyse

VM: andere Nährstoffmangelerscheinungen (s. Literatur)

BK: vom pH-Wert des Bodens abhängig; Nährstoffversorgung gemäß Bodenuntersuchung (bei Landwirtschaftlichen Untersuchungs- und Forschungsanstalten vornehmen lassen)

Abb. 217, unten: Mosaikartige Verfärbung durch Virusinfektion

EM: chlorotische Fleckung und Scheckung der Blätter, leichte Blattdeformation; Virusnachweis durch Fachleute

VM: Kalkchlorose (Abb. 216)

BK: stark erkrankte Pflanzen roden, nicht als Vermehrungsmaterial verwenden

Abb. 218: Blattfleckung durch Pilzinfektion an Rhododendron (a: *Glomerella cingulata*; b: *Cercoseptoria handelii*)

EM: a) unregelmäßig geformte, braune, teilweise berandete Flecke mit Fruchtkörpern der Konidienform (*Colletotrichum gloeosporioides*) b) dunkelbraune Flecke mit rötlicher Umrandung; bei feuchtem Wetter mit grauem Myzelflaum und gebündelten Sporenträgern (Mikro)

VM: andere Pilzinfektionen (Differenzialdiagnose durch Fachleute)

BK: erkrankte Blätter entfernen; Nährstoffversorgung überprüfen

Abb. 219: Fraßschaden durch Gefurchten Dickmaulrüssler (*Otiorhynchus sulcatus*)

EM: bogenförmige oder halbmondförmige, vom Rand her ausgefressene Blattstücke durch 7 bis 9 mm lange, braunschwarze Käfer mit gekörntem Halsschild (Abb. 295a); Fraß auch an Rinde und Knospen; nachtaktiv; flugunfähig; weiße Larven im Wurzelbereich fressend

VM: andere Rüsselkäferarten

BK: Käfer abends oder frühmorgens regelmäßig absammeln

Abb. 220: Blattfleckung durch Netzwanzen-Befall (Rhododendron-Netzwanze: *Stephanitis rhododendri*)

EM: hellgrüne bis chlorotische Sprenkelung oder Fleckung blattoberseits, später verbräunend (a); blattunterseits teerartige, braunschwarze Kottropfen, die zu krustenartigen Massen eintrocknen; bis zu 4 mm lange, abgeplattete Insekten mit durchsichtigen, netzartig geäderten Flügeln; Larven bis 2 mm lang, dunkel gefleckt (b)

VM: Zikaden-Befall (Abb. 221); Blattlaus-Befall

BK: im Frühsommer befallene Blätter entfernen, Larven an Jungsträuchern zerdrücken; bei wiederholtem Befall Behandlung mit einem für beißende Insekten zugelassenen Mittel

Abb. 221: Chlorotische Sprenkelung durch Zikaden-Befall (Rhododendron-Zwergzikade: *Graphocephala fennahi*)

EM: weißliche bis gelbliche, winzige Flecke blattoberseits, bräunliche Fleckung blattunterseits (a); Häutungsreste; grün und rot gezeichnete, 9 mm lange Zikaden (b); gelbliche Larven meist blattunterseits; Überträger des Knospenfäuleerregers (Abb. 223)

VM: Saugschäden durch Blasenfüße (Abb. 222) und Netzwanzen (Abb. 220)

BK: bei Befallsbeginn mehrmalige Behandlung mit einem für beißende Insekten zugelassenen Mittel

Abb. 222: Silbrige Sprenkelung durch Thrips-Befall (Gestreifter Gewächshausthrips: *Heliothrips haemorrhoidalis*), »Gewächshausblasenfuß«

EM: silbrige oder weißliche Punkte blattober- und unterseits durch Fraß von flügellosen, hellen Larven und dunkelbraunen, bis 2 mm langen Adulten mit schmalen Vorderflügeln; Larven sondern Flüssigkeit ab (Lupe); nur in trockenen, heißen Jahren

VM: Saugschäden durch andere Insekten (Abb. 220, 221)

BK: im Freiland nicht erforderlich

Abb. 223: Knospenfäule durch Pilzinfektion (*Pycnostysanus azaleae*)

EM: Blütenknospen verfaulen und vertrocknen; stacheliges Aussehen durch 1 bis 2 mm hohe, braune Sporenträger mit weißen Sporenköpfchen

VM: Blütenvertrocknung durch Trockenheit, Kälte oder Nährstoffmangel

BK: erkrankte Knospen entfernen (Gefahr der Neuinfektion); Rhododendron-Zikade als Pilzüberträger bekämpfen (s. Abb. 221)

Abb. 224: Deformation von Blättern und Blüten durch Pilzinfektion (*Exobasidium*-Arten)

EM: *Exobasidium japonicum*, »Ohrläppchenkrankheit«, an Azaleen (Bild): Blatt- und Blütenteile verdickt, fleischig, später weiß, dann graubereift (Sporenrasen); *Exobasidium rhododendri*, »Saftäpfel«, an Rhododendron: an Trieben und Blättern kugelige, bis walnussgroße, fleischige, weißlichrote Gallen

VM: keine

BK: befallene Triebe entfernen; widerstandsfähige Sorten bevorzugen

Abb. 225: Absterbeerscheinungen durch Pilzinfektion (*Verticillium alboatrum*)

EM: welkende, herabhängende Blätter, erst fahlgrün oder gelblich, dann braun; Triebe sterben ab; bräunliche Verfärbung auf Astquerschnitt im Gefäßbündelbereich (ähnlich Abb. 330)

VM: andere Pilzinfektionen (z. B. *Phytophthora ramorum*): Differenzialdiagnose durch Fachmann; Frost-, Trockenschäden (Abb. 226)

BK: erkrankte Pflanzenteile entfernen, evtl. ganze Pflanze roden

Abb. 226: Trockenschäden durch mangelnde Feuchtigkeitszufuhr

EM: herabhängende, welkende Blätter durch mangelhafte Bewässerung nach Neupflanzung (Bild) oder nach längerer, sommerlicher Trockenperiode; reversibler Vorgang

VM: Pilzinfektionen (z. B. *Verticillium alboatrum*, Abb. 225: Welke hier irreversibel; *Phytophthora cactorum*); Differenzialdiagnose durch Fachmann

BK: ausreichende Wasserzufuhr

Ribes (Johannisbeere)

- **an Blättern, Knospen, Blüten**
  - chlorotische, bogenförmige Verfärbung durch Virusinfektion (Gurkenmosaikvirus), Ringfleckigkeit (Himbeerringfleckenvirus) sowie andere Virosen
  - chlorotisch-nekrotische Blattränder durch Einwirkung chloridhaltiger Auftausalze (Abb. FAW) oder Kalium-Mangel (Abb. 227)
  - weißlicher, mehlartiger Überzug beidseitig durch Echten Mehltaupilz (*Sphaerotheca mors-uvae*): Abb. 230
  - chlorotische Blattfleckung mit gelbbraunen Sporenlagern blattunterseits durch Rostpilzinfektion, »Johannisbeerrost« (*Cronartium ribicola*): Abb. 229
  - kleine, bräunliche Blattflecke, Blattvergilbung durch Pilzinfektion (*Gloeosporidiella ribis*): Abb. 228
  - gelb oder rötlich verfärbte, blasenartige Blattwölbungen, Blattdeformation durch Alpenjohannisbeerblattlaus-Befall (*Cryptomyzus korschelti*): Abb. 231
  - angeschwollene, mit Milben besetzte, nicht austreibende Knospen durch Johannisbeergallmilben-Befall (*Cecidophyopsis ribis*): vgl. Abb. 72
  - Blattfleckung, Lochfraß durch Weichwanzen-Befall (*Lygus*-Arten): Abb. 232

- **an Ästen, Trieben**
  - Triebwelke durch Grauschimmelinfektion (*Botrytis cinerea*): vgl. Abb. 331
  - krebsartige Zweigdeformation mit großen, schwarzen, polsterförmigen Pilzstadien (Stromata) durch Pilzinfektion (*Botryosphaeria berengeriana*)
  - Absterben von Ästen, krebsartige Astverdickungen an überalterten Sträuchern durch Pilzinfektion (*Nectria galligena*): vgl. Abb. 19, 113a
  - Saugschäden durch Kolonien von Wollschildläusen (z. B. Wollige Johannisbeerschildlaus, *Pulvinaria ribesiae*: im Frühsommer dunkelbraune, 4 bis 6 mm große, halbkugelige, weibliche Schildläuse mit hervorquellenden, weißen Eisäckchen; Bildung weißer Wachsfäden sowie starke Honigtauproduktion): ähnlich Abb. 29

- **an Wurzeln**
  - verholzende, krebsartige Wucherungen an Wurzeln durch Bakterieninfektion, »Wurzelkropf« (*Agrobacterium tumefaciens*): vgl. Abb. 150

Abb. 227: Blattrandnekrosen durch Kalium-Mangel

EM: vom Blattrand ausgehende Verfärbung und -vertrocknung, je nach Johannisbeersorte rötlichbraun bis rein braun; Blätter verformen sich
VM: anderer Nährstoffmangel
BK: gezielte Düngung nach vorheriger chemischer Analyse; gute Wasserversorgung

Abb. 228: Blattfleckung durch Pilzinfektion (*Gloeosporidiella ribis*)

EM: oberseits rundliche, 1 bis 2 mm große, bräunliche Flecke; unterseits Fruchtkörper mit sichelförmigen Sporen (Mikro); vorzeitiger Blattfall
VM: andere Pilzinfektionen, z. B. durch *Septoria ribis*: Sporen fadenförmig; Differenzialdiagnose an Hand von Sporenmerkmalen (Mikro)
BK: abgefallene Blätter entfernen

Abb. 229: Blattfleckung durch Rostpilzinfektion (*Cronartium ribicola*), »Johannisbeerrost«

EM: chlorotische Fleckung blattoberseits, gelbe Überzüge blattunterseits (a), bestehend aus säulenförmigen Sporenlagern mit Teleutosporen (b, Lupe); Wirtswechsel mit fünfnadeligen Kiefern (Abb. 173)

VM: andere Rostpilzinfektionen (z. B. *Melampsora ribesii*-Formenkreis: Uredo- und Teleutolager flach, Wirtswechsel mit *Salix*-Arten)

BK: räumliche Trennung von Johannisbeere und fünfnadeligen Kiefern

Abb. 230: Blattverfärbung durch Echten Mehltau (*Sphaerotheca mors-uvae*), hier an Blut-Johannisbeere

EM: weiße, später hellbräunliche Flecke oder Überzüge auf beiden Blattseiten; junge Blätter und Triebe verkümmern, werden deformiert; bei Stachelbeere auch fruchtschädigend

VM: andere Mehltaupilze (Mikro), s. Literatur

BK: bei Zierjohannisbeere nicht erforderlich

Abb. 231: Blattverfärbung und -verformung durch Blattlaus-Befall (Alpenjohannisbeerblattlaus: *Cryptomyzus korschelti*) an *Ribes alpinum*

EM: Blätter eines Triebes mit rötlich oder grünlichgelb verfärbten, blasenartigen Blattwölbungen (a); blattunterseits orangegelbe, glänzende, teils geflügelte, teils ungeflügelte Läuse (b); auf *Stachys sylvatica* übergehend

VM: *Cryptomyzus ribis* (diese jedoch nur auf *Ribes rubrum* vorkommend)

BK: befallene Triebspitzen abschneiden bzw. Heckenschnitt im Juni/Juli

Abb. 232: Blattfleckung und Deformation durch Weichwanzen-Befall (*Lygus*-Arten)

EM: chlorotische, später nekrotisierende und aufreißende, kleinere Flecke, besonders im Adernbereich; junge Blätter deformiert und zerfetzt durch Stichverletzungen 4 bis 10 mm großer, schlanker, flügelloser Larven und geflügelter, grünlicher, grauer oder bräunlicher Imagines

VM: keine

BK: nicht erforderlich

Robinia (Robinie, Falsche Akazie)

- **an Blättern, Knospen, Blüten**
  - genetisch bedingte, grün-weiße Blattscheckung (Panaschüre): Abb. 238
  - Blattvergilbung durch Eisen/Mangan-Mangel: Abb. 233
  - chlorotische Blattfleckung oder mosaikartige Fleckung, Triebstauche durch Virusinfektion (Robinienmosaik): Abb. 234
  - weißlicher, feiner Überzug auf beiden Blattseiten durch Echten Mehltaupilz (*Erysiphe trifolii*): vgl. Abb. 102
  - chlorotische Blattfleckung mit violettbräunlichem Pilzrasen durch Falschen Mehltaupilz (*Peronospora cytisi*)
  - hellbräunliche Blattflecke, Blattkräuselung an jungen Fiederblättchen durch Pilzinfektion (*Phloeospora robiniae*): Abb. 235
  - violettschwarze Flecke durch Pilzinfektion (*Phyllosticta advenae*): Abb. 236
  - graue, glanzlose Blattverfärbung, Blattrandverkrümmung durch zahllreiche kleine, freilebende Milben (Robinienmilbe: *Vasates robiniae*): vgl. Abb. 298b
  - Blattfraß durch Blattwespenlarven (*Nematus tibialis*): vgl. Abb. 261
  - ovale, glattrandige, weiße Platzminen mit Raupen durch Miniermotten-Befall (*Phyllonorycter robiniella*): Abb. 237a
  - fingerförmig berandete, weißliche Platzminen mit Raupen durch Miniermotten-Befall (*Parectopa robiniella*): Abb. 237b
  - Blattfraß durch Schmetterlingsraupen (z. B. Schlehenspinner: Abb. 191; Schwammspinner: Abb. 316; Goldafter: Abb. 18a)

- **an Ästen, am Stamm**
  - Triebwelke und Aststerben, Absterben jüngerer Bäume; auf dem Querschnitt erkrankter Äste Verfärbung im Leitbündelbereich durch Pilzinfektion (*Verticillium alboatrum*): vgl. Abb. 330
  - Absterben von Ästen; im Winter auf toter Rinde rote, stecknadelkopfgroße Fruchtkörper von »Rotpustelpilz« (*Nectria cinnabarina*): vgl. Abb. 19
  - Absterben von Ästen; Rindennekrosen (»Käfergrind«); unter der Rinde dichtgedrängte Larvengänge mit Larven des Bunten Eschenbastkäfers (*Leperesinus varius*): Abb. FAW
  - Braunfäule im Stamm; außen am Stamm konsolenförmige, große, gelbliche Pilzfruchtkörper von Schwefelporling (*Laetiporus sulphureus*): Abb. 239
  - in der Krone große, grüne Büsche von Laubholz-Mistel: vgl. Abb. 318

- **an Wurzeln/Stammbasis**
  - Stock- und Wurzelfäule; am Stammfuß konsolenförmige, bräunliche Fruchtkörper von Eschenbaumschwamm (*Perenniporia fraxinea*): Diagnose und Beratung durch PSD

Abb. 233: Blattvergilbung durch Eisen/Mangan-Mangel

EM: gleichmäßige blassgrüngelbe Verfärbung der Blätter, ausgenommen Adernbereich; besonders auf kalkhaltigen Standorten (»Kalkchlorose«) oder anmoorigen Böden; chemische Analyse

VM: anderer Nährstoffmangel; Herbizidschäden (vgl. Abb. 137)

BK: Bodenverbesserung durch Düngung nach Ergebnis der chemischen Analyse

Abb. 234: Degeneration durch Robinienmosaikvirus oder Tomatenschwarzringfleckenvirus

EM: diffuse, chlorotische Fleckung und Triebstauche, Absterbeerscheinungen

VM: Buntblättrigkeit (Abb. 238); Mangelkrankheiten (z. B. Abb. 233)

BK: erkrankte Bäume roden, nicht als Vermehrungsgut verwenden

Abb. 235: Blattkräuselung und -deformation durch Pilzinfektion (*Phloeospora robiniae*)

EM: ab Frühjahr auf diesjährigen Blättchen hellbraune Flecke, die sich wölben und verformen; blattunterseits kissenförmige, gelbliche Fruchtkörper (Lupe); Befall auch an Blattstielen und Trieben
VM: keine
BK: Behandlung mit Fungiziden nur an Jungbäumen in der Baumschule

Abb. 236: Blattfleckung durch Pilzinfektion (*Phyllosticta advenae*)

EM: ab Spätsommer braunschwarze, 1 bis 4 mm große, rundliche Flecke; blattunterseits wenige, rundliche, gelbe Fruchtkörper (Lupe)
VM: keine
BK: wegen des späten Auftretens im Jahr nicht erforderlich

Abb. 237: Minierfraßschäden durch Raupen von Miniermotten

EM: a) *Phyllonorycter robiniella*: weiße Platzminen ohne Ausbuchtungen blattunterseits, gesprenkelte Flecke blattoberseits; im Inneren gelbliche, 3 bis 5 mm lange Larve; Verpuppung am Blatt
b) *Parectopa robiniella*: fingerförmig ausgebuchtete, gelblichweiße Platzminen mit grünlichgelber Larve; aus Nordamerika stammend; erst seit 1970 in Europa

VM: keine

BK: an Jungpflanzen befallene Blätter entfernen

Abb. 238: Genetisch bedingte Buntblättrigkeit (Panaschüre)

EM: grünlichweiße Marmorierung von Blättchen durch unterschiedliche Verteilung von Zellen verschiedener Chlorophyllanteile; bei einigen Ziergehölzen (z. B. *Acer negundo*) als Schmuckform geschätzt

VM: Virusinfektion (Abb. 234); Herbizid-Schaden

BK: nicht erforderlich

Abb. 239: Braunfäule im Stamm durch Pilzinfektion (Schwefelporling: *Laetiporus sulphureus*)

EM: konsolenförmige, oft dachziegelig am Stamm angeordnete Pilzfruchtkörper, bis 40 cm breit, oberseits orangegelb, unterseits schwefelgelb, später (im Winter) weißlich ausblassend, einjährig, weichfleischig; Auftreten ab Mai sowohl am Stammgrund als auch in größerer Höhe am Baum; verursacht eine würfelförmige Braunfäule im Kernholzbereich; bevorzugt an Laubbäumen mit Farbkern, vor allem Eiche, Robinie (Bild) und *Prunus*-Arten

VM: keine

BK: Baumsanierung nicht möglich; bei mehrjährigem Auftreten von Fruchtkörpern Baumfällung wegen Stammbruchgefahr

Rosa (Rose)

• **an Blättern, Knospen, Blüten**
– Gelbsucht (»Kalkchlorose«) durch Eisen-Mangel: Abb. 241
– chlorotische Fleckung und Linienmuster durch Virusinfektion: Abb. 240
– weißlicher, mehlartiger Überzug durch Echten Mehltaupilz (*Sphaerotheca pannosa*) oder Falschen Mehltaupilz (*Pseudoperonospora sparsa*): Abb. 242
– schwärzliche Flecke (»Sternrußtau«), Vergilbung, vorzeitiger Blattverlust durch Pilzinfektion (*Diplocarpon rosae*): Abb. 243
– gelbliche Fleckung blattoberseits, gelbe, später braune Sporenpusteln blattunterseits durch Rostpilzinfektion, »Rosensrost« (*Phragmidium mucronatum*): Abb. 244
– Blattsprenkelung durch Zwergzikaden-Befall (*Edwardsiana rosae*): Abb. 245
– gelbliche Blattsprenkelung durch Spinnmilben-Befall (Gemeine Spinnmilbe: *Tetranychus urticae*): vgl. Abb. 55
– Blattfleckung, Knospen- und Blütenfäule durch *Botrytis*-Infektion: Abb. 247
– Blattkräuselung, Triebspitzenverkrüppelung durch Blattlaus-Befall (Große Rosenblattlaus: *Macrosiphum rosae*): Abb. 248
– Blattrollung mit grünen Larven durch Rosenblattrollwespen-Befall: Abb. 250
– Schabe- oder Fensterfraß durch Larven der Schwarzen Rosenblattwespe: Abb. 246
– große, fadenartige Gallen mit grünlichen, gelben oder rötlichen Auswüchsen und weißlichen Larven der Rosengallwespe (*Diplolepis rosae*)
– Loch- und Blattrandfraß durch Larven der Rosensägewespe (*Allantus cinctus*) Abb. 251
– große, weißliche, ovale Platzminen mit hellgrünen Raupen der Rosenminiermotte (*Tischeria angusticollella*)
– Blattfraß durch Raupen verschiedener Schmetterlinge (z. B. Schwammspinner: Abb. 316; Ringelspinner: Abb. 190; Goldafter: Abb. 18a)
– Blatt- und Blütenschäden durch Gartenlaubkäfer, »Junikäfer« (*Phyllopertha horticola*): Abb. 254; s. auch Wurzeln

• **an Trieben, Ästen**
– Triebwelke und Triebsterben durch *Verticillium*-Infektion: Abb. 252
– Verbräunung (»Rindenbrand«) und Triebsterben durch Pilzinfektion (*Myxosporium rosae*): Abb. 253
– Saugschäden mit »Kuckucksspeichel« durch Wiesenschaumzikade (*Philaenus spumarius*): Abb. 249
– Triebsterben, Triebverkrümmung mit Larve im Mark durch Abwärtssteigenden Rosentriebbohrer (*Ardis brunniventris*)
– Triebverkrümmung durch »Steppstichnaht« bei Eiablage, Blattfraß durch Larven der Rosenbürstenhornblattwespe (*Arge ochropus*)

• **an Wurzeln**
– Wurzelkropf durch Bakterieninfektion: vgl. Abb. 150
– Fraßschaden durch Larven von Gartenlaubkäfer: Abb. 254

Abb. 240: Blattverfärbung durch Virusinfektion (Nekrotisches Ringfleckenvirus der Kirsche, Rosenmosaikvirus u. a.)

EM: scharf begrenzte, chlorotische Flecke, Linien- und Ringmuster; in anderen Fällen chlorotische Adernverfärbung, Scheckung und Blattdeformation; Virusnachweis durch Fachleute

VM: keine

BK: erkrankte Pflanzen entfernen, nicht als Vermehrungsgut verwenden

Abb. 241: Gelbsucht durch mangelnde Verfügbarkeit von Eisen (»Kalkchlorose«), hier an *Rosa rugosa*

EM: blassgelbe Verfärbungen oft des ganzen Laubes, Adern bleiben grün (!); auf basischen Böden bzw. Standorten mit hohem Kalkgehalt

VM: Herbizidschäden (Blätter vollständig hellgelblich bis weißlich verfärbt)

BK: gezielte Düngung, vor allem mit eisenhaltigem Dünger; keine Kalkgaben

Abb. 242: Weißlicher Überzug durch Echten Mehltaupilz (*Sphaerotheca pannosa*)

EM: mehliger, grauweißer Myzel- und Konidienbelag auf Blättern (a), jungen Trieben und Blütenknospen (b); später mit dunklen, kugeligen Pilzfruchtkörpern (Lupe); Blattdeformation

VM: falscher Mehltaupilz (*Pseudoperonospora sparsa*): Pilzrasen blattunterseits, rötlichviolette Flecke oberseits

BK: bei ersten Anzeichen von Symptomen mehrmalige Behandlung mit einem gegen Echten Mehltau bei Zierpflanzen zugelassenen Mittel

Abb. 243: Blattfleckung durch Pilzinfektion (*Diplocarpon rosae*), »Sternrußtau«

EM: dunkelbraune bis schwarze, sternförmig sich ausbreitende Flecke; vorzeitige Vergilbung, Blattfall bei Berührung
VM: andere Pilzarten (s. Übersicht)
BK: Bevorzugung resistenter Sorten; befallene Blätter noch am Strauch entfernen; bei Sichtbarwerden der ersten Symptome mehrmalige Behandlung mit einem für Sternrußtau oder pilzliche Blattfleckenerreger zugelassenen Mittel

Abb. 244: Blattfleckung durch Rostpilzinfektion (*Phragmidium mucronatum*), »Rosenrost«

EM: blattoberseits gelbliche Flecke, blattunterseits stecknadelkopfgroße Sporenpusteln (zunächst orangefarbene Uredolager, später kastanienbraune Teleutolager); vorzeitiger Blattfall
VM: andere Rostpilzarten (s. Literatur)
BK: abgefallene Blätter entfernen; resistente Sorten bevorzugen; Behandlung mit einem für Rostpilze zugelassenen Mittel

Abb. 245: Blattverfärbung und vorzeitiger Blattfall durch Zikaden-Befall (Rosenzikade: *Edwardsiana rosae*)

EM: weißliche Sprenkelung blattoberseits, bei starkem Befall Blattvertrocknung; auf Blattunterseite 3 bis 4 mm große, hellgelbe Adulte oder weißliche, kleinere Larven, die bei Störung fortspringen

VM: Saugschäden durch Spinnmilben, z. B. *Tetranychus urticae*: gelblich-weiße Sprenkelung, Milben (Lupe) mit Spinnfäden

BK: nicht erforderlich

Abb. 246: Fraßschäden durch Schwarze Rosenblattwespe (*Caliroa aethiops*)

EM: Schabefraß oder Fensterfraß, auch Lochfraß mit zahlreichen, kleinen Löchern im Blatt; Blätter bleichen aus, geschädigte Blattflächen welken, verbräunen; Larven 8 bis 12 mm lang, durchscheinend gelb, durch Darminhalt grünlich getönt (ähnlich Abb. 314b)

VM: Rosenminiermotte (*Tischeria angusticollella*): einzelne, große, weiße Platzminen

BK: nicht erforderlich

Abb. 247: Zweig- und Knospenfäule, Blatt- und Blütenfleckung durch Grauschimmelinfektion (*Botrytis cinerea*)

EM: dunkelbraune Faulstellen an Knospen, Stielen und Zweigen; bei Feuchtigkeit mit grauem Schimmelrasen (Lupe); Blütenstiele knicken um (a); unregelmäßige, braune Flecke auf Blättern (b); kleinere, sprenkelartig verteilte, dunkle Flecke auf Blütenblättern (c)

VM: Sternrußtau (Abb. 243); *Verticillium*-Welke (Abb. 252)

BK: beschattete, feuchte Plätze meiden; faulende Knospen und Triebe entfernen; an gefährdeten Standorten und bei starkem Befall Behandlung mit einem für *Botrytis cinerea* (Grauschimmel) an Zierpflanzen zugelassenen Mittel

Abb. 248: Blattkräuselung, Wuchshemmung durch Blattlaus-Befall (Große Rosenblattlaus: *Macrosiphum rosae*)

EM: geflügelte Läuse 2 bis 3,5 mm lang, spindelförmig, grün bis rosa oder rotbraun, mit langen Fühlern und Beinen, Siphonen lang und schwarz; flügellose Läuse grün bis rotbraun, gleichgroß; in Kolonien auftretend; Überwinterung im Ei-Stadium

VM: andere Läusearten (diese mit hellen Siphonen)

BK: bei Befallsbeginn mehrmalige Behandlung mit einem für Blattläuse an Zierpflanzen zugelassenen Mittel

Abb. 249: Blatt- und Triebdeformation durch Zikaden-Befall (Wiesenschaumzikade: *Philaenus spumarius*)

EM: im Mai gelblichweiße Larven mit dunklen Augen, bedeckt von einer speichelartigen Schaummasse (»Kuckucksspeichel«); ab Juli verschiedenfarbige Adulte ohne Schaummasse; Saugschäden durch Anstechen von Trieben und Blattadern; auch an anderen Pflanzenarten

VM: keine

BK: Wasserstrahlbehandlung

Abb. 254: Fraßschäden durch Gartenlaubkäfer, »Junikäfer« (*Phyllopertha horticola*)

EM: 5 bis 9 mm langer, behaarter Käfer mit bräunlichen Flügeldecken und dunkelblaugrünem Kopf (a); Fraß der Käfer an Blättern, Blüten und Blütenknospen; Schäden an Wurzeln durch 1 bis 2 cm lange Larven (b)

VM: andere Käferarten, z. B. *Agelastica alni* (Abb. 38)

BK: Verminderung des Engerlingsbefalls durch Dung- und Humusgaben; bei Massenvermehrung biologische Bekämpfung der Larven mit insektenparasitären Nematoden

Salix (Weide)

• an Blättern, Knospen, Blüten

- Deformation und Verholzen von Blütenkätzchen durch Bakterieninfektion (*Agrobacterium tumefaciens*): Abb. 255
- weißlicher Überzug durch Echten Mehltaupilz (*Uncinula adunca*): Abb. 11
- gelbliche Sporenlager durch Rostpilzinfektion (*Melampsora salicina*): Abb. 258
- schwarze Blattflecke durch Pilzinfektion (*Rhytisma salicinum*): vgl. Abb. 12
- hell- bis dunkelbraune Blattflecke, Blattdeformation und Triebnekrose durch Pilzinfektion (*Marssonina salicicola*): Abb. 262; s. auch Triebe
- bronzefarbene oder chlorotische Sprenkelung der Blätter durch Weidenspinnmilben-Befall (*Schizotetranychus schizopus*): Abb. 257
- Knospenwucherung, Deformation durch Gallmilben-Befall: Abb. 256
- Blattkräuselung, Triebschäden durch Befall von Langröhriger Weidenblattlaus (*Aphis farinosa*): weibliche Läuse grün-gelb gefleckt; Männchen orangerot
- Blattfraß durch Larven der Weidenblattwespe (*Nematus salicis*): Abb. 261
- Blattrandfaltung oder -rollung durch Blattwespen-Befall (*Phyllocolpa leucapsis*): Abb. 259
- bohnenförmige Blattgallen durch Weidenblattgallenwespe (*Pontania proxima*): Abb. 260
- Loch- und Skelettierfraß durch Käfer oder Käferlarven (*Agelastica*-und *Phyllodecta*-Arten): vgl. Abb. 38c; Abb. FAW
- Blattschäden durch Fraß von Schmetterlingsraupen (z. B. Gespinstmotten: vgl. Abb. 87; Goldafter: Abb. 18a; Ringelspinner: Abb. 190)
- braune Platzmine mit weißer Larve von Weidenminierblattwespe (*Heterarthrus microcephalus*): vgl. Abb. 37

• an Trieben

- bandartige Triebverbreiterung (»Fasziation«), Triebkrümmung: Abb. 263
- schorfartige, elliptische, schwärzliche Rindennekrosen durch Pilzinfektion (*Marssonina salicicola*): Abb. 262; s. auch Blätter
- Spitzendürre durch Pilzinfektion (*Pollaccia saliciperda*): Abb. FAW
- Trieb- und Rutensterben durch Pilzinfektion (*Cryptodiaporthe salicella*): Abb. 264
- Triebmißbildung (»Wirrzöpfe«) durch Gallmilben-Befall: Abb. 256

• an Ästen, am Stamm

- Auseinanderbrechen von Stammzwieseln durch Sturmeinwirkung: Abb. 267
- Rutensterben durch Weidenrutenblattwespe (*Euura laeta*): Abb. 265
- Absterben von Ästen, auch ganzer Bäume; dunkle Flecke auf Stammquerschnitt durch Bakterieninfektion (*Erwinia salicis*)
- Holzfäule im Stamm; außen konsolenförmige, braune Fruchtkörper von Gemeinem Feuerschwamm (*Phellinus igniarius*): vgl. Abb. 213
- Absterbeerscheinungen durch Raupen- bzw. Larvenfraß von Weidenbohrer (*Cossus cossus*) bzw. Moschusbock (*Aromia moschata*): Abb. 266

Abb. 255: Missbildung und Absterben von Blütenkätzchen durch Bakterieninfektion (vermutlich *Agrobacterium tumefaciens*) an Sal-Weide

EM: gekröseartiges Anschwellen von Blütenständen, die zunächst vergrünen (a), später dann absterben und verholzen (b)

VM: Gallmilben-Befall (Abb. 256)

BK: befallene Kätzchen ausbrechen

Abb. 256: Missbildung (»Wirrzöpfe«) durch Gallmilben-Befall (*Eriophyes triradiatus*, *Aceria*- und *Vasates*-Arten)

EM: bis 20 cm lange, gestauchte Sprosse mit zahlreichen, kleinen, schuppenartigen und gedrängt stehenden Blättchen; Milben (Mikro)

VM: Frühstadien von Bakterieninfektion (Abb. 255); Differenzialdiagnose durch Fachmann

BK: Schaden gering; an Jungbäumen befallene Triebe ggf. entfernen

Abb. 257: Blattverfärbung durch Spinnmilben-Befall (Weidenspinnmilbe: *Schizotetranychus schizopus*), hier an *Salix fragilis*

EM: gelbliche Fleckung oder Sprenkelung blattoberseits (a); Blätter vertrocknen; blattunterseits Milben mit abgeflachten, weißlichen Sommereiern (b) und Gespinstfäden; nur auf schmalblättrigen Weidenarten

VM: Pappelspinnmilbe (*Eotetranychus populi*): auf breitblättrigen Weidenarten

BK: nicht erforderlich

Abb. 258: Blattfleckung, Blattdeformation durch Rostpilzinfektion (*Melampsora salicina*), »Weidenrost«

EM: blattoberseits gelbliche Flecke; unterseits Sporenpusteln (Uredolager); bei starkem Befall Blattverformung sowie Blattdürre; Wirtswechsel mit nicht verwandten Pflanzen; Sammelart, bestehend aus mehreren Formen und Arten

VM: andere Rostpilzarten bzw. -formen (genaue Bestimmung nur bei Kenntnis des Zwischenwirtes möglich)

BK: nicht erforderlich bzw. nur in Baumschulen

Abb. 259: Blattrandfaltung oder -rollung durch Blattwespen-Befall (*Phyllocolpa leucapsis*), hier an *Salix caprea*

EM: Blattrand teilweise umgeschlagen oder eingerollt; im Inneren 10 mm lange, grünliche Larven mit weißen Beinen; an raublättrigen Weiden

VM: *Phyllocolpa leucosticta*: Blattrand vollständig umgeschlagen; Weidenblattrandgallmücke (*Rhabdophaga marginemtorquens*): Schadbild ähnlich, im Inneren jedoch 2 mm lange, orangefarbene, beinlose Larven

BK: nicht erforderlich

Abb. 260: Gallenbildung durch Weidenblattgallenwespe (*Pontania proxima*), hier an *Salix fragilis*

EM: auf beiden Blattseiten hervortretende, gelblichgrüne, später rötliche, bohnenförmige Gallen mit je einer Larve (Lupe); Verpuppung im Boden; auf schmalblättrigen Weiden

VM: keine

BK: nicht erforderlich

Abb. 261: Fraßschäden durch Weidenblattwespe (*Nematus salicis*)

EM: Blätter mit Lochfraß, bei starkem Befall Kahlfraß (a) durch 2,5 bis 3,5 cm lange, grünlichblaue Larven mit braunroten Segmenten und schwarzer Punktierung (b); Verpuppung im Boden; weibliche Wespe 8 bis 10 mm lang, Hinterleib und Beine gelb

VM: andere Blattwespenarten; Blattfraß durch Schmetterlingsraupen, Käfer oder Käferlarven (s. Übersicht)

BK: nicht erforderlich

Abb. 265: Schäden an Weidenruten durch Weidenrutenblattwespe (*Euura laeta*), hier an *Salix alba* 'Tristis'

EM: schwache Anschwellungen an jungen Trieben unterhalb einer Knospe (a); im Inneren weißliche Afterraupe (b); Befallsstellen später mit rundlichem Ausflugsloch (c, Pfeil); Ruten werden schwarz und brüchig, brechen ab

VM: *Marssonina salicicola* (Abb. 262); *Cryptodiaporthe salicella* (Abb. 264)

BK: befallene Ruten ausschneiden und verbrennen

Abb. 266: Absterbeerscheinungen durch Fraß von Weidenbohrer (a, b) und Moschusbock (c)

EM: a, b) Weidenbohrer (*Cossus cossus*): Raupe 6,5 cm lang, fleischfarben, später dunkelrot (a), in fingerdicken, quer durch das Holz verlaufenden Fraßgängen (b); riecht ziegenartig
c) Moschusbock (*Aromia moschata*): weißliche Käferlarve in ungleichdicken Fraßgängen im Holz älterer Bäume; herausrieselndes Bohrmehl; Käfer metallisch-bläulichgrün; Moschusgeruch

VM: Fraß durch Larven anderer Käferarten (z. B. Pappelbock, Abb. 182)

BK: befallene Bäume entfernen

Abb. 267: Stammgabelbruch durch Sturmeinwirkung

EM: Auseinanderreißen gleichstarker Stämmlinge durch fehlenden Zusammenhalt, bedingt durch eingewachsene Rinde; häufigste Ursache bei Ast- bzw. Stämmlingsbrüchen; bei fast allen Laubbaumarten mit spitzwinkelig aufwachsenden Zwillingsästen (Stammzwiesel)

VM: keine

BK: frühzeitiger Baumschnitt zur Vermeidung von Stammzwieseln; Beseitigung einer Zwieselhälfte zur Erziehung eines Einzelstammes

Sambucus (Holunder)

- **an Blättern, Knospen, Trieben, Früchten**
- – chlorotische Fleckung oder Linienmuster durch Virusinfektion: Abb. 268
- – weißlicher Überzug durch Echten Mehltaupilz (*Microsphaera lonicerae*)
- – dunkle Blattfleckung durch Infektion verschiedener Pilzarten (*Ascochyta tenerrima, Cercospora depazeoides, Ramularia sambucina*): Abb. 271
- – plötzliche Blattwelke und Blattbräune, Triebsterben durch Pilzinfektion (*Fusarium sambucinum*): Abb. 269
- – Saugschäden an Blättern und jungen Trieben durch Blattlaus-Befall (Holunderblattlaus: *Aphis sambuci*): Abb. 273
- – Blätter an Triebspitze eingerollt und verkümmert durch Gallmilben-Befall (*Epitrimerus trilobus*): Abb. 272
- – schwarzbraune Blattflecke durch Blattälchen-Befall (*Aphelenchoides ritzemabosi*), nur auf Rotem Holunder (*Sambucus racemosa*): Abb. 270

- **an Ästen, am Stamm**
- – Absterbeerscheinungen mit bräunlichen, ohrmuschelförmigen Pilzfruchtkörpern von Judasohr (*Auricularia auricula-judae*): Abb. 274
- – Nagefraß am Stamm durch Rötelmaus (*Clethrionomys glareolus*): Abb. 275

Abb. 268: Chlorotische Blattfleckung durch Virusinfektion (Kirschenblattrollvirus)

EM: gelbliche bis weiße, stellenweise auch nekrotische Flecke, Ringflecke oder Linienmuster; Virusnachweis durch Fachleute

VM: andere Virusinfektionen (z. B. »Gelbnetzkrankheit« mit gelben Gewebepartien längs der Blattadern)

BK: erkrankte Pflanzen entfernen (Virusquelle für andere Pflanzenarten)

Abb. 269: Blattbräune, Triebwelke und Zweigsterben durch Pilzinfektion (*Fusarium sambucinum*)

EM: Triebe und Blätter einzelner Äste oder des gesamten Strauches welk und verbräunt; auf der Rinde toter Äste cremefarbene Sporenpolster (Lupe) mit sichelförmigen, mehrzelligen Konidien (Mikro)

VM: Frostschäden

BK: befallene Äste entfernen; keine weitere Behandlung

Abb. 270: Blattfleckung durch Nematoden-Befall (*Aphelenchoides ritzemabosi*)

EM: anfangs graugrüne, bräunliche, schließlich braunschwarze, durch Blattadern begrenzte Flecke; im befallenen Blattgewebe zahlreiche, 0,8 bis 1,2 mm lange, fadenförmige Blattälchen (Mikro), bei feuchter Witterung auswandernd und auf der Oberfläche knäuelartig in Trockenstarre übergehend; nur auf Rotem Holunder

VM: Pilzinfektionen (Abb. 271)

BK: nicht erforderlich

Abb. 271: Blattfleckung durch Infektion verschiedener Pilzarten

EM: a) *Cercospora depazeoides*: zahlreiche, hellbraune, berandete Flecke; Konidien mehrzellig, zylindrisch, farblos
b) *Ramularia sambucina*: vereinzelte, helle Flecke mit braunem Rand; Konidien zylindrisch, in Ketten (Mikro)
c) *Ascochyta tenerrima*: vereinzelte, braune Flecke mit gelbem Hof; Pyknidien mit ein- oder zweizelligen Konidien

VM: Blattpilze untereinander; Nematoden-Befall (Abb. 270)

BK: nicht erforderlich

Sequoia, Sequoiadendron, Metasequoia (Küstenmammutbaum, Mammutbaum, Chinesisches Rotholz)

- **an Blättern, Trieben**
- – Verbräunung und Absterben von Triebspitzen durch Frosteinwirkung oder Trockenheit: Abb. 276
- – Verbräunung von Triebspitzen durch Grauschimmelinfektion: Abb. 277
- – Blattschuppen- und Triebspitzenverbräunung durch Infektion anderer Pilzarten (z. B. *Pestalotiopsis funerea*): Abb. 278
- – Triebspitzensterben durch Minierfraß in Nadeln und Trieben von Raupen der Zypressenminiermotte (*Argyresthia cupressella*): vgl. Abb. 124

Abb. 276: Triebverfärbung durch Frosteinwirkung

EM: Verbräunung und Absterben von Triebspitzen im Frühjahr und Sommer nach starkem Winterfrost und Frosttrocknis, besonders auf sonnen- und windexponierter Seite

VM: Trockenschäden

BK: gute Wasser- und Nährstoffversorgung; bei kleineren Bäumen Sonnenschutz im Winter

Abb. 277: Triebspitzensterben durch Pilzinfektion (*Botrytis cinerea*)

EM: im Frühjahr fahlbraune, abgestorbene Maitriebe, von grünem Gewebe scharf abgesetzt (a, hier an *Metasequoia glyptostroboides*); bei hoher Feuchtigkeit Entwicklung silbriggrauer Pilzrasen (b, hier an Mammutbaum: *Sequoiadendron giganteum*)
VM: Frostschaden (Abb. 276)
BK: nicht erforderlich

Abb. 278: Triebverbräunung durch Pilzinfektion (*Pestalotiopsis funerea*), hier an *Sequoiadendron giganteum*

EM: einzelne Blattschuppen oder Triebteile hellbraun verfärbt; im Nadelgewebe linsenförmige Fruchtkörper mit schwarzen Sporenranken, die im Regen zerfließen; Schwächeparasit mit Auftreten erst nach Vorschädigung, z. B. Insekten-Befall
VM: *Botrytis cinerea* (Abb. 277); *Argyresthia cupressella* (vgl. Abb. 124)
BK: nicht erforderlich

Sorbus (Eberesche, Mehlbeere)

- **an Blättern, Knospen, Blüten, Früchten**
  - gelbe Blattverfärbung und Vertrocknung durch Trockenheit: vgl. Abb. 315
  - chlorotische Blattfleckung durch Virusinfektion: Abb. 279
  - weißer Überzug und Blattnekrose oder weißlicher Pilzrasen blattunterseits durch Infektion Echter Mehltaupilze (*Podosphaera aucupariae*: Abb. FAW; *Phyllactinia guttata*: vgl. Abb. 45)
  - einzelne, bräunliche Nekrosen durch Pilzinfektion (*Monilinia padi*): Abb. 280
  - gelblich-rötliche Blattfleckung mit Sporenlagern blattunterseits durch Rostpilzinfektion (*Gymnosporangium cornutum*): Abb. 281
  - braune Blattfleckung durch Pilzinfektion (*Diplocarpon mespili*: vgl. Abb. 79; *Venturia inaequalis*: vgl. Abb. 146)
  - pockenartige, hellgrüne, später bräunliche Blattfleckung durch Gallmilben-Befall (Birnenpockenmilbe: *Eriophyes pyri sorbi*): Abb. 282
  - silbrige Sprenkelung durch Zwergzikaden-Befall (*Cicadellidae*): vgl. Abb. 16 oder Spinnmilben (Obstbaumspinnmilbe: *Panonychus ulmi*): vgl. Abb. 313
  - Blattverformung an Triebspitzen durch Blattlaus-Befall (Vogelbeerblattlaus: *Dysaphis sorbi*): Abb. 283
  - Fraßschäden durch Larven der Ebereschenblattwespe (*Pristiphora geniculata*): Abb. 284
  - Blattfraß durch Schmetterlingsraupen (z. B. Schlehenspinner: Abb. 191; Ringelspinner: Abb. 190; Gespinstmotten: vgl. Abb. 87)

- **an Trieben, Ästen**
  - Triebwelke mit braunschwarzer Verfärbung durch Bakterieninfektion, »Feuerbrand« (*Erwinia amylovora*): vgl. Abb. 77, 82
  - Triebwelke, Absterben junger Bäume durch *Verticillium*-Infektion: vgl. Abb. 330
  - Absterben von Trieben, Ästen und jungen Stämmen durch Pilzinfektion, »Rotpustelkrankheit« (*Nectria cinnabarina*): vgl. Abb. 19
  - Absterben von Ästen mit aufreißender Rinde; unter der Rinde zickzackartige Larvengänge durch Prachtkäfer-Befall (*Agrilus mendax*): vgl. Abb. 79c
  - Kolonien von Deckelschildläusen (z. B. Gemeine Kommaschildlaus: *Lepidosaphes ulmi*): vgl. Abb. 188

- **an Wurzeln, an Stamm/Stammbasis**
  - Absterbeerscheinungen, Rindenfäule am Stammfuß durch Pilzinfektion (*Phytophthora cactorum*): Abb. 286
  - Holzfäule im Stammfuß, Wurzelsterben durch Sparrigen Schüppling (*Pholiota squarrosa*): Abb. 285
  - Holzfäule im Stamm durch Schwefelporling (*Laetiporus sulphureus*): vgl. Abb. 239 oder Riesenporling (*Meripilus giganteus*): vgl. Abb. 98

Abb. 279: Chlorotische Blattfleckung durch Virusinfektion

EM: a) an *Sorbus aria* Ring- und Linienmuster durch Apfelmosaikvirus
b) an *Sorbus aucuparia* links »Buntblättrigkeit« als intensive, gelbe Fleckung, rechts chlorotische Ringfleckung, Linienmuster durch Ebereschenringfleckenvirus

VM: frühe Blattfleckung durch Gallmilben-Befall (Abb. 282)

BK: erkrankte Pflanzen nicht als Vermehrungsgut verwenden

Abb. 280: Blattfleckung und Welke durch Pilzinfektion (*Monilinia padi*)

EM: im Frühjahr auftretende, große, bräunliche, von der Mittelrippe ausgehende Nekrosen (hier an *Sorbus* x *thuringiaca*); blattoberseits aschgraue Myzelüberzüge der *Monilia*-Nebenfruchtform, den Blattadern folgend; ganzer Trieb kann welken; befallene Blätter duften stark süßlich

VM: keine

BK: befallene Triebe entfernen

Abb. 281: Blattfleckung durch Rostpilzinfektion (*Gymnosporangium cornutum*), »Ebereschenrost«

EM: anfangs leuchtend gelbe, später rötliche, gelbumrandete, verdickte Flecke auf Fiederblättchen; blattunterseits stiftförmige, 3 bis 5 mm hohe Sporenbehälter (Äcidien); Wirtswechsel mit Wacholderarten

VM: andere *Gymnosporangium*-Arten (s. Literatur); Gallmilben (Abb. 282)

BK: räumliche Trennung von Wacholder und Eberesche

Abb. 282: Blattfleckung durch Gallmilben-Befall (Birnenpockenmilbe: *Eriophyes pyri sorbi*) an *Sorbus aucuparia*

EM: pockenartige, grünlichgelbe, später bräunliche, 1 bis 2 mm große Gallen; unterseits Haarfilz mit Milben (Mikro)

VM: andere Gallen (z. B. *Eriophyes sorbeus*: Abb. FAW)

BK: nicht erforderlich

Abb. 283: Blattverformung durch Blattlaus-Befall (Vogelbeerblattlaus: *Dysaphis sorbi*) an *Sorbus aucuparia*

EM: Einrollen der Fiederblättchen quer nach innen; blattunterseits bräunlichgelbe, flügellose Läuse mit farblosen Siphonen; Verschmutzung der Triebe durch Häutungsreste, Honigtau und Rußtaubelag; Übergang geflügelter Läuse auf *Campanula* (Sommerwirt)

VM: Apfelgraslaus (*Rhopalosiphum insertum*): Läuse grün, mit hellgrünen Siphonen

BK: nicht erforderlich

Abb. 284: Fraßschäden durch Ebereschenblattwespe (*Pristiphora geniculata*)

EM: Larven gesellig fressend (bis zu 30/Fiederblatt), 15 bis 18 mm lang, mit gelbem, schwarz gezeichnetem Rumpf und schwarzem, später gelbem Kopf; Fraßdauer ca. 3 Wochen; Blattwespe schwarz, 6 bis 7 mm lang, 1 bis 2 Generationen im Jahr; Kokons im Boden

VM: Schmetterlingsraupen (s. Übersicht)

BK: befallene Blätter entfernen; biologische Bekämpfung durch Behandlung mit einem *Bacillus thuringiensis*-Präparat

Abb. 285: Weißfäule durch Pilzinfektion (Sparriger Schüppling: *Pholiota squarrosa*)

EM: Fruchtkörper im Spätherbst büschelig am Stammgrund älterer Bäume; Hut schirmförmig, 7 bis 15 cm, mit braunen, sparrig abstehenden Schuppen auf hellockerfarbenem Grund; Stiel mit zurückgekrümmten Schuppen; Sporenpulver gelbbraun; Wurzelparasit und Fäuleerreger im Holz am Stammgrund; auch saprophytisch an Stubben

VM: andere *Pholiota*- und *Armillaria*-Arten (vgl. Abb. 165)

BK: Baumsanierung nicht möglich; befallene Bäume beseitigen

Abb. 286: Absterbeerscheinungen durch Pilzinfektion (*Phytophthora cactorum*)

EM: Blattverfärbungen, Absterbeerscheinungen in der Krone; schwarzbraun verfärbte Rindenstellen im unteren Stammbereich, von unten nach oben aufsteigend; Holz und Rinde braun verfärbt (Bild, Rinde angeschnitten); Fäule oft stammumfassend (»Kragenfäule«); Wurzelfäule

VM: andere Pilzinfektionen

BK: kleinere Befallsstellen ausschneiden; bei stammumfassendem Befall Baum roden

Symphoricarpos (Schneebeere)

- **an Blättern, jungen Trieben**
- – Ausbleichung von Blättern nach intensiver Sonnenbestrahlung: Abb. 288
- – weißlicher Belag blattunterseits durch Echten Mehltaupilz (*Microsphaera symphoricarpi*): vgl. Abb. 204
- – Blattfleckung durch Pilzinfektion (*Ascochyta grandispora*): Abb. 289
- – Platzmine durch Raupen der Fliedermotte: vgl. Abb. 293
- – Gangminen mit Maden der Minierfliege (*Phytomyza periclymeni*): vgl. Abb. 141
- – Buchtenfraß durch Dickmaulrüssler (*Otiorhynchus crataegi*): vgl. Abb. 139, 295
- – Kümmerwuchs durch parasitische Blütenpflanze (*Cuscuta europaea*): Abb. 287
- – Triebsterben durch Pilzinfektion (*Heterosporium symphoricarpi*): Verbräunen der Triebspitze, Rindennekrose an Ästen; grünliche Pilzrasen auf braunen Blättern (Lupe)

Abb. 287: Blattverfärbung, Kümmerwuchs durch parasitische Blütenpflanze (*Cuscuta europaea*), »Teufelszwirn«

EM: spiralige Umwicklung junger Zweige der Wirtspflanze durch hellrötliche, fadenförmige Triebe; Blüten hellrötlich; Blätter fehlen; auch auf anderen Wirtspflanzen

VM: *Convolvulus*-Arten (fadenartige, grünrötliche Triebe mit grünen Blättern)

BK: befallene Triebe entfernen

Abb. 288: Ausbleichen der Blattflächen durch intensive Lichteinwirkung

EM: Chlorophyllabbau und Weißwerden von Blattflächen, die nach dem Heckenschnitt dem Sonnenlicht ausgesetzt waren

VM: keine

BK: Heckenschnitt im Herbst

Abb. 289: Blattfleckung durch Pilzinfektion (*Ascochyta grandispora*)

EM: 1 bis 2 mm große, graubräunliche Flecke, die am Rand zusammenfließen und nekrotisch werden können; Sporen zweizellig (Mikro)

VM: andere Pilzinfektionen (z. B. *Ascochyta tenerrima*, vgl. Abb. 271c)

BK: nicht erforderlich

Syringa (Flieder)

- **an Blättern, Knospen, Blüten**
- – chlorotische Fleckung und Scheckung, Blattdeformation durch Virusinfektion
- – interkostale Blattverfärbung durch Magnesium-Mangel: Abb. 290
- – silbrige, bleigraue Blattverfärbung durch Ernährungs-/Witterungsbedingungen oder Pilzinfektion (*Chondrostereum purpureum*): vgl. Abb. 186
- – weißliche Fleckung oder Überzüge durch Echten Mehltaupilz (*Microsphaera syringae*): Abb. 292
- – braune Blattfleckung durch Infektion verschiedener Pilzarten (z. B. *Ascochyta syringae*; *Septoria syringae*): Abb. 291
- – silbrige Blattsprenkelung durch Blasenfuß-Befall (*Thrips*-Arten): vgl. Abb. 222
- – fahlgrün verfärbte, gesprenkelte Blätter, Spinnfäden durch Spinnmilben-Befall (Gemeine Spinnmilbe: *Tetranychus urticae*): vgl. Abb. 313
- – verdickte Knospen durch Gallmilben-Befall (*Eriophyes loewi*), s. Triebe
- – Minierfraß, Blattdeformation durch Raupen der Fliedermotte (*Gracillaria syringella*): Abb. 293
- – Buchtenfraß durch Dickmaulrüssler (*Otiorhynchus*-Arten): Abb. 295
- – nicht austreibende Knospen mit Käferlarven in befressenen Knospen durch Fliederknospenrüssler-Befall (*Otiorhynchus clavipes*); BK: befallene Triebe umgehend ausschneiden

- **an Trieben**
- – Absterben der Triebspitze durch Bakterieninfektion, »Fliederseuche« (*Pseudomonas syringae*): Abb. 294
- – plötzliche Welke, Zweige von der Spitze her absterbend, vorzeitiger Blattfall durch Pilzinfektion (*Verticillium alboatrum*): vgl. Abb. 330
- – gestauchte Seitentriebe mit hexenbesenartigen Missbildungen, verdickten Knospen und bleichgrünen Blättern durch Gallmilben-Befall (Fliedergallmilbe: *Eriophyes loewi*): vgl. Abb. 298

- **an Ästen, am Stamm**
- – Welke junger Pflanzen mit ast- und stammumfassender Verbräunung durch Pilzinfektion (*Phytophthora syringae, P. cactorum*): Abb. 286
- – Astwelke und Absterbeerscheinungen durch Gangfraß mit 5 bis 6 cm langen Raupen in Stamm und Ästen durch Blausieb-Befall (*Zeuzera pyrina*): vgl. Abb. 149

- **an Wurzeln/Stammbasis**
- – Absterben der Sträucher durch Hallimaschinfektion: vgl. Abb. 165
- – Fraßschäden an Wurzeln durch Larven von Dickmaulrüssler (*Otiorhynchus*-Arten): vgl. Abb. 295

Abb. 290: Blattverfärbung durch Magnesium-Mangel

EM: anfangs fleckenartige, gelbgrüne Verfärbung vor allem der Interkostalfelder, später dort bräunliche Nekrosen; auf sauren, zur Bodenverdichtung neigenden Böden; chemische Analyse

VM: andere Mangelerkrankungen (s. Literatur); Pilzinfektionen (z. B. durch *Ascochyta syringae*, Abb. 291)

BK: Bodenverbesserung; gezielte Düngung

Abb. 291: Blattfleckung durch Pilzinfektion (*Ascochyta syringae*)

EM: 2 bis 5 cm große, unregelmäßig geformte, anfangs braune, später graue, konzentrisch gezonte Nekrosen; blattoberseits ockerfarbene, eingesenkte Fruchtkörper, die später Löcher im Blatt zurücklassen (Lupe); Sporen einzellig, elliptisch bis eiförmig; ab Spätsommer auftretend; Sekundärbesiedlung durch *Septoria syringae*

VM: Nährstoffmangel (Abb. 290); *Pseudomonas syringae* (Abb. 294)

BK: befallene Blätter und Herbstlaub entfernen

Abb. 292: Weißlicher Überzug durch Echten Mehltaupilz (*Microsphaera syringae*)

EM: fleckenartiger, nicht selten zusammenfließender, weißlichgrauer Überzug überwiegend blattoberseits, bestehend aus Myzel und Konidienträgern mit Sporen sowie dunklen, kugeligen Fruchtkörpern (Lupe), in den Fruchtkörpern sackförmige Asci mit Ascosporen (Mikro, vgl. Abb. 204)

VM: keine

BK: in der Regel nicht erforderlich (s. Text Abb. 204)

Abb. 293: Minierfraß durch Raupen der Fliedermotte (*Gracillaria* [*Caloptilia*] *syringella*)

EM: braune, vertrocknende, blasige Blattminen; im Inneren 7 bis 8 mm lange, gelblichweiße, durchsichtige Raupe mit gelblichem Kopf und grünem Darm (Abb. 109b); Puppe in eingerolltem oder miniertem Blatt; zwei Generationen im Jahr (Mai bis Juni; Juli bis Oktober); Fraßschaden der 1. Generation meist gering

VM: Pilzinfektion (Abb. 291)

BK: Einzelblätter entfernen; bei stärkerem Befall Behandlung mit *Bacillus thuringiensis*

Abb. 294: »Fliederseuche« durch Bakterieninfektion (*Pseudomonas syringae* pv. *syringae*)

EM: wasserdurchtränkte, dann dunkelbraune, ineinander übergehende Blattflecke; an jüngsten Trieben dunkle Rindenstellen; Triebwelke und Triebfäule; Bakteriennachweis durch Fachleute

VM: Spätfrostschaden; Blattfleckung durch Pilzinfektion (s. Übersicht)

BK: in gefährdeten Lagen (feucht, frostgefährdet) wiederstandsfähige Sorten anpflanzen; starke Stickstoffdüngung vermeiden; erkrankte Triebe bis ins gesunde Holz ausschneiden

Abb. 295: Fraßschäden durch Dickmaulrüssler (*Otiorhynchus*-Arten)

EM: verschieden große, dämmerungsaktive, flugunfähige Käfer mit rüsselartig verlängertem Kopf und gekörntem Halsschild; Urheber charakteristischer Fraßbilder (Buchtenfraß); Larven fressen an Wurzeln; an zahlreichen krautigen Pflanzen und Gehölzen
a,b) *Otiorhynchus sulcatus*: Käfer 7 bis 9 mm lang, schwärzlich, Flügeldecken mit goldgelben Haarflecken, Hinterleib länglichoval (a); Blattränder weitbuchtig ausgefressen (Abb. 219); Larven im Boden 8 bis 10 mm lang, cremefarben, mit braunem Kopf (b)
c,d) *Otiorhynchus crataegi*: Käfer 5 bis 6 mm lang, ockergrau bis schwärzlich, Flügeldecken mit hellockerfarbenen Haarflecken; Hinterleib kurzoval (d), Blattränder schmalbuchtig ausgefressen (c). Neuartiger, aus Südeuropa eingeschleppter Schädling

VM: andere *Otiorhynchus*-Arten

BK: Käfer regelmäßig frühmorgens oder abends absammeln; biologische Bekämpfung mit insektenparasitären Nematoden (PSD-Beratung)

Abb. 296: Welke und Absterbeerscheinungen durch Pilzinfektion (*Phytophthora cactorum*)

EM: Welke und gelbliche Verfärbung von Blättern junger Pflanzen (a); zweig- und stammumfassende Verbräunung von Rinde und Holz (b, hier an Stammbasis, angeschnitten); bei hoher Feuchtigkeit Absterben von Knospen; Erregernachweis durch Fachleute

VM: andere Pilzinfektionen (*Verticillium*-Arten)

BK: infizierte Pflanzen entfernen; lokale Infektionsstellen am Stammgrund bis ins gesunde Holz ausschneiden; bei Neuanpflanzung staunasse Plätze meiden; keine anfälligen Arten pflanzen; Drainage feuchter Standorte

Taxus (Eibe)

- **an Knospen, Nadeln, Trieben**
- Vergilbung älterer Nadeln durch Alterung (Seneszenz): Abb. 297
- Absprünge braunverfärbter Triebe durch Trockenheit
- Vergilbung, Verbräunung einzelner Nadeln, Nadelgruppen oder Triebspitzen durch Pilzinfektion (*Phyllosticta concentrica*): Abb. 300
- Triebspitzensterben durch Pilzinfektion (*Botrytis cinerea*): Abb. 301
- Kolonien rotbrauner, gewölbter Schildläuse von Eiben-Napfschildlaus (*Parthenolecanium pomeranicum*): Abb. 299
- Befall durch weiße, wachsartige Schmierläuse (*Pseudococcus* sp.): Abb. 303
- rosettenartige, beblätterte, grüne Knospengallen, im Inneren mit orangeroter Larve durch Eibengallmücken-Befall (*Taxomyia taxi*)
- verdickte, geschlossen bleibende Knospen oder gekräuselte Nadeln durch Gallmilben-Befall (*Cecidophyopsis psilaspis*): Abb. 298
- am Nadelrand buchtige Fraßspuren, Nadelabbiss und Triebringelung durch Dickmaulrüssler (*Otiorhynchus*-Arten): Abb. 302

- **an Wurzeln/Stammbasis**
- Wurzel- und Stammbasisfäule an Jungpflanzen durch Pilzinfektion (*Phytophthora cinnamomi*): vgl. Abb. 66

Abb. 297: Nadelverfärbung und -verlust durch Seneszenz

EM: Vergilbung und Verlust von Nadeln ab Juni durch normale Alterung; bei Stresseinwirkung (z. B. Wassermangel, Frost) vorzeitige Seneszenz mit verstärktem Nadelfall; Fehlen von Pilzfruchtkörpern oder Insekten-Befall
VM: *Phyllosticta concentrica* (Abb. 300)
BK: ausreichende Wasser- und Nährstoffversorgung

Abb. 298: Knospenschäden und Nadelverformung durch Gallmilben-Befall (Eibengallmilbe: *Cecidophyopsis psilaspis*)

EM: Knospen schwellen im Frühjahr an, öffnen sich nicht, werden bräunlich oder entwickeln sich zu gestauchten Trieben mit verdrehten, gekrümmten Nadeln (a); im Knospeninnern zahlreiche, walzenförmige, weißliche, 0,18 mm lange Milben (b, Mikro); starker Befall führt zur Verunstaltung von Jungbäumen; Eiben an sonnenexponierten und trockenen Standorten sind besonders betroffen
VM: männliche Blütenkätzchen in frühen Entwicklungsstadien
BK: befallene Triebe und Knospen entfernen

Abb. 299: Nadelverfärbung durch Eiben-Napfschildlaus-Befall (*Parthenolecanium pomeranicum*)

EM: an Nadeln und Trieben halbkugelig gewölbte, braune Schildläuse (Lupe); Nadelverbräunung
VM: andere Napfschildlausarten
BK: befallene Triebe entfernen

Abb. 300: Nadelverfärbung durch Pilzinfektion (*Phyllosticta concentrica*)

EM: Verbräunung junger Nadelgruppen (a) oder Vergilbung älterer Nadeln (b); nadeloberseits schwarze, punktförmig erscheinende Fruchtkörper der Konidienform; im Herbst ähnlich aussehende Fruchtkörper der Hauptfruchtform (*Guignardia philoprina*) mit Sporenschläuchen

VM: vorzeitige Nadelalterung (Abb. 297); *Botrytis*-Infektion (Abb. 301)

BK: nicht erforderlich

Abb. 301: Triebsterben durch Grauschimmelinfektion (*Botrytis cinerea*)

EM: Absterben und Verbräunung der Triebspitze im späten Frühjahr, ausgehend von einer achselständigen Blüteninfektion (Pfeil); am Blütenboden und auf der Rinde graubraunes Pilzmyzel (Abb. 277b) mit silbrigglänzenden Sporen und Sporenträgern (Lupe)

VM: andere Pilzinfektion (Abb. 300); Triebsterben durch Dickmaulrüssler (Abb. 302b)

BK: befallene Triebe entfernen

Abb. 302: Fraßschäden durch Dickmaulrüssler (*Otiorhynchus*-Arten)

EM: an Nadelrändern buchtige Nagespuren sowie Nadelabbiss (a) durch *Otiorhynchus crataegi* (s. Abb. 295d); Absterben von Triebspitzen durch Ringelung von Rindenpartien (b) durch *Otiorhynchus sulcatus* (s. Abb. 295a,b) Fraßschäden an Wurzeln durch weiße Larven beider Arten

VM: andere Rüsselkäferarten; b) Pilzinfektion (Abb. 300, 301)

BK: Käfer frühmorgens oder abends regelmäßig absammeln

Abb. 303: Schmierlaus-Befall (*Pseudococcus* sp.)

EM: nadeloberseits länglichovale, 1 bis 3 mm große Läuse mit weißem Sekretbelag; Nadeln verkümmern

VM: keine

BK: nicht erforderlich

Thuja (Lebensbaum)

• an Nadeln, Trieben, Zweigen

– Abwurf brauner Triebe durch Trockenheit: Abb. 309
– Verbräunung und Triebsterben durch Streusalzeinwirkung: Abb. 308
– Nadelverfärbung (Schwärzung) durch Schadstoffe im Boden: Abb. 307
– Vergilbung und Nadelbleiche durch extreme Hitzeeinwirkung: Abb. 306
– Entwicklung von *Kabatina thujae* an braunen Triebspitzen nach Thujaminiermotten-Befall (*Argyresthia thuiella*): vgl. Abb. 124
– Nadelschuppenbräune durch Pilzinfektion (*Didymascella thujina*): Abb. 305
– Absterben und Verfärbung von Triebspitzen durch Thujaminiermotten-Befall (*Argyresthia thuiella*): Abb. 304
– Saugschäden an Trieben mit Nadelverbräunung durch Zypressenrindenlaus (*Cinara cupressi*): bepuderte Läuse 2,8 bis 3,2 mm groß, orange- bis zimtbraun, mit schwarzen Flecken: vgl. Abb. 7
– Verfärbung durch Schildlaus-Befall (Wacholder-Deckelschildlaus: *Carulaspis juniperi*): vgl. Abb.128
– Triebsterben, Triebverbräunung nach Ringelung an Trieben oder Zweigen durch Käfer von Dickmaulrüssler (*Otiorhynchus sulcatus*): vgl. Abb. 67

• am Stamm

– einseitige Längsrisse, später mit wulstartigen Überwallungsrändern durch extreme Frosteinwirkung
– Absterbeerscheinungen von Stamm und Ästen durch Befall von Zweifarbigem Thujenborkenkäfer (*Phloeosinus aubei*): Einbohrloch an Stamm oder Astansatz mit Bohrmehlauswurf; unter der Rinde zwei- bis mehrarmige Fraßgänge; Käfer braunschwarz, 2 bis 2,5 mm lang; auch an anderen Cupressaceen

• an Wurzeln/Stammbasis

– Wurzel-, Stammbasisfäule mit Absterbeerscheinungen von Ästen oder ganzen Pflanzen durch Pilzinfektion (*Phytophthora cinnamomi*): vgl. Abb. 66

Abb. 304: Triebspitzensterben durch Thujaminiermotten-Befall (*Argyresthia thuiella*)

EM: Vergilbung und Verbräunung 1 bis 4 cm langer Triebspitzen durch Minierfraß grünlicher Räupchen (vgl. Abb. 124b); Miniergänge im Gegenlicht durchscheinend; im Inneren Kotkörnchen (vgl. Abb. 124c); Verpuppung in der Mine; Ausflugloch an beliebiger Stelle des abgestorbenen Triebes

VM: Pilzinfektionen (*Kabatina thujae*, Abb. 126; *Pestalotiopsis funerea*, Abb. 278); Trockenschäden (Abb. 309)

BK: im Mai/Juni (Eiablage) Behandlung mit einem für minierende Kleinschmetterlinge an Zierpflanzen zugelassenen Mittel

Abb. 305: Nadelbräune durch Pilzinfektion (*Didymascella thujina*)

EM: einzelne, auch zusammenhängende Schuppenblätter letztjähriger Triebe hellbraun; ab Mai mit dunkelbraunen, kissenartigen, ovalen Fruchtkörpern; später dort leere, weißliche Vertiefungen; an Jungpflanzen in Baumschulen sowie an schattig stehenden Althecken; vor allem an *Thuja plicata* und *T. occidentalis*

VM: andere Pilzinfektionen (z. B. *Kabatina thujae*, Abb. 126); bei einzelnen Schuppenblättchen: Thujaminiermotten-Befall (Abb. 304)

BK: auf nichtinfiziertes Pflanzmaterial achten; sonst keine weitere Behandlung erforderlich

Abb. 306: Verbrennungsschäden durch extreme Hitzeeinwirkung

EM: Verbräunung oder gelblichweiße Aufhellung von Trieben in Höhe der Hitzequelle (hier abstrahlende Hitze von einem PKW-Kühlergrill)
VM: mechanische Beschädigung; Trockenheit (Abb. 309); Salzeinwirkung (Abb. 308); Pilzinfektionen (z. B. *Phomopsis juniperovora*, Abb. 123)
BK: ausreichenden Abstand halten, z. B. auf Parkplätzen

Abb. 307: Nadelverfärbung durch Mangan-Toxizität

EM: braune bis schwarze Verfärbung älterer Triebsegmente oder Nadeln, besonders auf stark sauren Böden nach Anreicherung von Manganverbindungen im Boden; Bodenanalyse
VM: Triebverbräunung durch Trockenheit (Abb. 309); Streusalzeinwirkung (Abb. 308)
BK: Bodenverbesserung, evtl. Bodenaustausch

Abb. 308: Triebverbräunung und Nadelsterben durch Streusalzeinwirkung

EM: an Straßen und Wegerändern Absterben und Braunwerden der unteren Äste durch salzhaltiges Spritzwasser; Nachweis durch chemische Analyse
VM: Trockenschäden (Abb. 309); Pilzinfektion (Abb. 123); Verbrennungsschäden (Abb. 306)
BK: Streumittel mit möglichst geringem Salzgehalt verwenden; zum Winterende Boden zur Salzauswaschung kräftig wässern

Abb. 309: Triebverbräunung und Triebabwurf nach Trockenperioden

EM: Schadbild an der gesamten Pflanze gleichmäßig verteilt; Triebe ohne Fraßschäden oder Pilzbefall; in schwacher Ausprägung auch als normale, physiologische Alterung (Seneszenz) auftretend; sortenspezifisch
VM: Streusalzeinwirkung (Abb. 308); Pilzinfektion (Abb. 123); Thujaminiermotten-Befall (Abb. 304)
BK: regelmäßige Wasserversorgung in Trockenperioden

Tilia (Linde)

- **an Blättern, Knospen, Blüten**
- – vorzeitige Vergilbung durch Wassermangel: vgl. Abb. 315
- – Blattfleckung, Blattnekrosen durch Infektion verschiedener Pilzarten (*Asteromella tiliae, Gloeosporium tiliae, Cercospora microsora*: Abb. 310)
- – Schmierlaus-Befall (*Phenacoccus aceris*): vgl. Abb. 86, 116
- – fahlgrüne bis bronzefarbene Blattverfärbung, Milben mit Spinnfäden durch Spinnmilben-Befall (*Eotetranychus tiliarum*): Abb. 313
- – Gallenbildung, Blattfleckung, Blattdeformation durch Gallmücken- oder Gallmilben-Befall: Abb. 311
- – schmale, wellig-knotige, verdickte Blattrandrollung, löffelartig verformte Blätter durch Milben-Befall (*Eriophyes tetratrichus*)
- – Blattvergilbung, Blattverluste durch Blattlaus-Befall (*Eucallipterus tiliae*)
- – grauschwarzer, abwischbarer Belag durch Rußtaupilze: Abb. FAW
- – großflächiger Fensterfraß, Blattverbräunung durch Larven der Kleinen Lindenblattwespe (*Caliroa annulipes*): Abb. 314
- – kleinflächiger Fensterfraß, weißliche Blattflecke durch Raupen von Zwergwickler (*Bucculatrix thoracella*): Abb. 312
- – Blattfraß durch Schwammspinnerraupen (*Lymantria dispar,* u.a. Arten): Abb. 316

- **an Trieben**
- – Triebwelke und Absterbeerscheinungen mit roten, stecknadelkopfgroßen Fruchtkörpern durch Pilzinfektion (*Nectria cinnabarina*): vgl. Abb. 19
- – Triebwelke, Verfärbungen im Leitbündelgewebe befallener Äste durch Pilzinfektion (*Verticillium alboatrum*): vgl. Abb. 330
- – Triebsterben; im Trieb Fraßgänge mit Raupen von Weidenbohrer (*Cossus cossus*): vgl. Abb. 266

- **an Ästen, am Stamm**
- – am unteren Stamm große, durch Knospensucht bedingte Maserkropfbildung (»Stammhexenbesen«): Abb. 319
- – in der Krone kugelige, grünblättrige Büsche an spindelförmigen Stamm- oder Astverdickungen durch Mistel-Befall (*Viscum album*): Abb. 318
- – Weißfäule im Stamm durch Infektion holzzerstörender Pilze (Schuppiger Porling: *Polyporus squamosus*, Abb. 114; Spaltblättling: *Schizophyllum commune*, Abb. 317)

- **an Wurzeln/Stammbasis**
- – Holzfäule im Stammfuß, Wurzelsterben durch Sparrigen Schüppling (*Pholiota squarrosa*): vgl. Abb. 285 oder Hallimasch (*Armillaria*-Arten): vgl. Abb. 165
- – Weißfäule am Stammfuß durch Brandkrustenpilz (*Ustulina deusta*): vgl. Abb. 99

Abb. 310: Blattfleckung durch Pilzinfektion

EM: a) *Asteromella tiliae*: vereinzelte, große, schwarze Flecke mit fransenartigem Rand; frühzeitige Vergilbung und vorzeitiger Blattfall
b) *Gloeosporium tiliae*: meist mehrere, verschieden große, braune Flecke mit dunklem Rand, oft von Gallanlagen ausgehend; blattunterseits von der Epidermis bedeckte Konidienlager; im Frühjahr Hauptfruchtform (*Apiognomonia tiliae*)
c) *Cercospora microsora*: meist zahlreiche, 1 bis 3 mm große, rundliche, schwarze Flecke, auch am Blattstiel; bei starkem Befall vorzeitiger Blattfall; blattunterseits Sporenträger mit wurmförmigen Konidien, häufig jedoch steril

VM: Blattfleckung durch andere Pilzarten (s. Literatur)

BK: Entfernen des Herbstlaubes

Abb. 311: Gallenbildung, Blattfleckung und Blattdeformation durch Gallmücken- (a) und Gallmilben-Befall (b, c, d)

EM: a) Blattrandgallmücke (*Dasineura tiliamvolvens*): feste, knorpelartig verdickte Blattrollung nach unten; im Inneren gelbrote Mückenlarven
b) Nervenwinkelgallmilbe (*Aceria exilis*): in den Adernwinkeln halbkugelige Ausstülpungen nach oben; unterseits hellfarbene Haarschöpfe (»Milbenhäuschen«) mit Milben (Mikro)
c) Hörnchengallmilbe (*Eriophyes tiliae*): blattoberseits bis 15 mm lange, rötliche, hornförmige Beutelgallen; im Inneren Milben (Mikro)
d) Filzgallmilbe (*Eriophyes leiosoma*): oberseits gelblichgrüne, schwache Aufwölbungen, unterseits (Bild) unregelmäßig kreisförmige, anfangs weiße, später bräunliche Haarfilzrasen mit Milben (Mikro)

VM: andere Gallenbildungen (s. Literatur)

Abb. 312: Fraßschäden durch Zwergwickler-Befall (*Bucculatrix thoracella*)

EM: 3 bis 6 mm große Fraßspuren (Fensterfraß) durch 5 bis 7 mm lange, cremeweiße Larven blattunterseits (a, im Durchlicht); beidseitig 2 bis 3 mm große, ovale, weiße, seidige Gespinste (b, Pfeil); vornehmlich an Alleebäumen in Städten

VM: Kleine Lindenblattwespe (Abb. 314): hier Fensterfraß großflächig

BK: nicht erforderlich

Abb. 313: Blattverfärbung durch Spinnmilben-Befall (Lindenspinnmilbe: *Eotetranychus tiliarum*)

EM: Blätter fahlgrün bis bronzefarben durch Saugtätigkeit von Milben blattunterseits (Lupe); später häufig Blattvertrocknung und vorzeitiger Laubfall; auf Blattflächen oft schwarzer Belag von abwischbaren Rußtaupilzen

VM: Trockenschäden (Abb. 315); Befall durch Lindenzierlaus

BK: gute Nährstoff- und Wasserversorgung (Baumscheibenbereich freihalten); Behandlung mit einem für Spinnmilben zugelassenen (bevorzugt ölhaltigen) Mittel

Abb. 314: Blattverfärbung durch Larvenfraß der Kleinen Lindenblattwespe (*Caliroa annulipes*)

EM: von unten nach oben fortschreitende Verbräunung und Vertrocknung der Blätter; großflächiger Schabe- und Fensterfraß (a) durch schneckenartige, hellgelblich-glänzende Larven mit dunkelgrünem Darm (b)

VM: Zwergwickler-Befall (Abb. 312)

BK: Behandlung mit einem für Blattwespen (Afteraupen) zugelassenen Mittel

Abb. 315: Blattvergilbung und Blattfall durch Wassermangel

EM: auf einzelne Zweigpartien beschränkte Verfärbung von Blättern im inneren Kronenbereich, gefolgt von Sommerlaubfall

VM: Aststerben durch natürliche Alterung (Seneszenz)

BK: ausreichende Wasserversorgung

Abb. 316: Blattfraß durch Schwammspinnerraupen (*Lymantria dispar*)

EM: Raupe bis 5 cm lang, blassocker, hinten mit bräunlichen Haarbüscheln auf rötlichen Warzen, vordere Segmente mit blauen Rückenwarzen (a); Schmetterlingsmännchen graubraun, Weibchen schmutzigweiß mit dunklen, gezahnten Querstreifen (b); auf der Rinde schwammartige, mit gelber Afterwolle bedeckte Ei-Gelege (c); polyphager Schädling; Fraß an Blättern und Knospen; Kahlfraß möglich

VM: andere Schmetterlingsraupen (z. B. Schlehenspinner, Abb. 191)

BK: Raupen absammeln; biologische Bekämpfung mit einem für freifressende Schmetterlinge (speziell für Schwammspinner) zugelassenen *Bacillus thuringiensis*-Präparat

Abb. 317: Weißfäule durch Pilzinfektion (Gemeiner Spaltblättling: *Schizophyllum commune*)

EM: auf Ästungswunden (b) oder an Wundrändern 2 bis 5 cm große, muschelförmige Fruchtkörper: oberseits hellgrau und filzig, unterseits mit fächerförmig angeordneten »Lamellen« (a), an denen Basidiosporen gebildet werden; überwiegend aber an totem Holz

VM: anderen Pilzarten (z. B. Angebrannter Rauchporling, *Bjerkandera adusta*: Fruchtkörper dachziegelig angeordnet, 3 bis 6 cm breit, unterseits silbergrau mit feinen Poren)

BK: frühzeitige Ästung; Wundpflege

Abb. 318: Schäden durch Laubholz-Mistel (*Viscum album* ssp. *album*)

EM: parasitische Blütenpflanze (Halbschmarotzer) mit gabelig verzweigten Ästen und immergrünen, lederartigen Blättchen; zweihäusig; weibliche Zweige mit beerenartigen Steinfrüchten (a, links); Büsche kugelig, bis 1 m Durchmesser (b); ältere Befallsstellen oft spindelförmig oder kugelig verdickt (besonders bei Linde, c); schädlich durch Astdeformation sowie Nährstoff- und Wasserentzug

VM: Eichenmistel (*Loranthus europaeus*): Blätter sommergrün, auf Eichen

BK: Büsche ausschneiden

Abb. 319: Knospensucht und Beulenbildung durch mechanisches Entfernen von Wasserreisern

EM: vermehrte Knospenbildung auf engstem Raum mit kümmerlichem Austrieb, gefördert durch wiederholtes Entfernen von Trieben; beulenartig angeschwollene Stammpartien (Maserkropf) durch vermehrte Holzbildung

VM: keine

BK: Wasserreiser nicht stammparallel abschneiden (3 bis 5 cm Trieb am Stamm belassen)

Tsuga (Hemlocktanne, Schierlingstanne)

• **an Nadeln, Trieben**
– Verfärbung junger und älterer Nadeln; Nadelschütte fehlt; Triebe und Nadelunterseite mit ockerfarbenem Myzelüberzug; nadelunterseits winzige, borstentragende Fruchtkörper von *Herpotrichia parasitica*: vgl. Abb. 4
– einheitliche Verbräunung einzelner, älterer Nadeln mit vozeitigem Nadelverlust durch Pilzinfektion (*Fabrella tsugae*): Abb. 320

Abb. 320: Nadelverfärbung und Nadelverlust durch Pilzinfektion (*Fabrella tsugae*), hier an *Tsuga canadensis*

EM: anfangs Vergilbung, später einheitliche Verbräunung älterer Nadeln (a); vorzeitiger Nadelfall; nadelunterseits im Sommer mehrere, die Epidermis klappenartig aufstoßende, ockergelbe, ovale Pilzfruchtkörper (b, Lupe) mit Asci und jeweils vier zweizelligen Ascosporen (Mikro); schwach pathogener Pilz mit langer Inkubationszeit

VM: natürliche Nadelalterung (Seneszenz)

BK: Standorte hoher Luftfeuchtigkeit meiden (z. B. keine Pflanzung unter Schirm)

Ulmus (Ulme)

- **an Blättern, Trieben**
- Blattdürre und Blattbräune durch Wassermangel: vgl. Abb. 315
- interkostale Blattverbräunung durch Magnesium-Mangel: Abb. 321
- weißlicher Überzug oder fleckige Pilzrasen blattunterseits durch Echte Mehltaupilze (*Uncinula clandestina, Phyllactinia guttata*): vgl. Abb. 11, 45
- Blattfleckung durch andere Pilzarten (z. B. *Phloeospora ulmi*: Abb. 322; *Platychora ulmi*: Abb. 323; *Taphrina ulmi*: rundliche, verdickte, blaßgrüne bis gelbliche, später bräunliche Flecke mit Sporenschläuchen)
- plötzliche Blatt- und Triebwelke, Blattverfärbung durch Pilzinfektion, »Holländische Ulmenkrankheit« (*Ophiostoma novo-ulmi*): Abb. 327; s. auch Äste, Stamm
- Blattwelke, Blattverfärbung, Absterben einzelner Triebe durch Pilzinfektion (*Botryosphaeria quercuum*): Abb. 325
- Blattverfärbung und -deformation mit eingerollten, verdickten Blatträndern durch Ulmenblattrollenlaus-Befall (*Eriosoma* [*Schizoneura*] *ulmi*): Abb. 326a
- helle Blattfleckung mit großen, beutelartigen Auftreibungen blattoberseits durch Ulmenblattgallenlaus-Befall (*Tetraneura ulmi*): Abb. 326b
- knötchenartige, grünliche, glatte Blattgallen beidseitig (*Aceria ulmicola*) bzw. beutelförmige, gelblichgrüne, behaarte Blattgallen blattoberseits durch Gallmilben-Befall (*Aceria brevipunctata*): Abb. 326c,d
- weißliche Sprenkelung durch Zwergzikaden-Befall (Ulmenzwergzikade: *Ribautiana* [*Typhlocyba*] *ulmi*): vgl. Abb. 16
- an Trieben Kolonien rötlichbrauner Schildläuse z. B. Wollige Napfschildlaus (*Pulvinaria regalis*): vgl. Abb. 29; Gemeine Kommaschildlaus (*Lepidosaphes ulmi*): vgl. Abb. 188
- Blattfraß durch Schmetterlingsraupen (z. B. Ringelspinner: Abb. 190; Mondvogel: Abb. 208b)

- **an Ästen, am Stamm**
- Absterbeerscheinungen an Ästen mit welkenden Blättern, Abgang ganzer Bäume durch Pilzinfektion, »Holländische Ulmenkrankheit« (*Ophiostoma novo-ulmi*): Abb. 327; s. auch Blätter, Triebe
- Absterbeerscheinungen durch Pilzinfektion (*Nectria*-Arten): vgl. Abb. 19
- Absterbeerscheinungen, Fraßgänge unter der Rinde mit Larven von Ulmensplintkäfern (*Scolytus*-Arten): Abb. 327d
- Absterbeerscheinungen mit Fraßgängen im Stamm durch Raupen von Weidenbohrer (*Cossus cossus*) oder in Ästen jüngerer Bäume durch Blausieb-Befall (*Zeuzera pyrina*): Abb. 149

Abb. 321, oben: Blattverfärbung durch Magnesium-Mangel

EM: dunkelbraune Verfärbung von Blattgewebe zwischen Seitennerven älterer Blätter, vor allem auf kalkreichen Böden; chemische Analyse
VM: Blattfleckung durch Pilzinfektion (Abb. 329)
BK: Bodenverbesserung durch entsprechende Dünger (z B. Bittersalz)

Abb. 322, unten: Blattfleckung durch Pilzinfektion (*Phloeospora ulmi*)

EM: blattoberseits zahlreiche, gelbe (a), später verbräunende Flecke; blattunterseits Fruchtkörper mit dicken, weißen Sporenranken (b)
VM: Nährstoffmangel (Abb. 321)
BK: nicht erforderlich

Abb. 323: Blattfleckung durch Pilzinfektion (*Platychora ulmi*)

EM: auf grüner Blattoberseite zahlreiche, 4 bis 5 mm große, schwarzglänzende, krustenförmige Stromata; Blätter vorzeitig gelbbraun; Fruchtkörper reifen im folgenden Frühjahr
VM: keine
BK: nicht erforderlich, zumal erst zum Vegetationsende auftretend

Abb. 324: Blattdürre, Blattbräune nach sommerlicher Trockenheit und intensiver Sonneneinstrahlung

EM: partielles Vertrocknen chlorophyllarmer Blätter mit nachfolgender Verbräunung; besonders gefährdet: *Ulmus minor* 'Wredei' (Goldulme); auch an anderen panaschierten Gehölzen
VM: Auftausalzschäden (Abb. 25)
BK: in Trockenperioden ausreichende Bewässerung

Abb. 325: Triebsterben durch Pilzinfektion (*Botryosphaeria quercuum*)

EM: Welke und Verbräunen der am Trieb hängenden Blätter durch Pilzbefall an der Triebbasis; Absterben des gesamten Triebes
VM: *Ophiostoma novo-ulmi* (Abb. 327)
BK: erkrankte Triebe ausschneiden

Abb. 326: Gallenbildung, Blattdeformation durch Blasenlaus- (a,b) und Gallmilben-Befall (c,d)

EM: a) Ulmenblattrollenlaus (*Eriosoma* [*Schizoneura*] *ulmi*): Blattränder eingerollt, gelblichweiß verfärbt; im Inneren wachsbepuderte Läuse; im Frühjahr Abwandern auf Wurzeln von *Ribes*-Arten
b) Ulmenblattgallenlaus (*Tetraneura ulmi*): bis 12 mm lange, keulenförmige, grünliche, später braune Gallen blattoberseits; Umgebung hellgrün gefleckt; Abwandern geflügelter Läuse auf Gräserarten
c) Ulmengallmilbe (*Aceria ulmicola*): beidseitig zahlreiche, bis 1 mm große, gelblichgrüne Knötchen mit weißen Milben (Mikro)
d) Beutelgallmilbe (*Aceria brevipunctata*): blattoberseits 2 mm hohe, gelblichgrüne, behaarte Gallen; im Inneren Milben (Mikro)

VM: andere Gallenbildungen (s. Literatur)

BK: a) Anpflanzung von *Ribes* vermeiden; b,c,d) nicht erforderlich

Abb. 327: »Holländische Ulmenkrankheit« durch Pilzinfektion (*Ophiostoma novo-ulmi*)

EM: plötzliche Welke im Frühsommer (a) und Absterben einzelner Äste; unter der Rinde befallener Bäume Verfärbung und Absterben des Kambiums (b); auf Querschnitten erkrankter Äste bräunliche Verfärbung des Gefäßbündelringes (c); Übertragung des Pilzes über Rindenwunden in Zweigachseln durch Ulmensplintkäfer (*Scolytus*-Arten) während des Reifungsfraßes; unter der Rinde einarmige Längsgänge mit mehreren, 10 bis 15 cm langen Larvengängen (d, hier von Großem Ulmensplintkäfer: Käfer 4 bis 6 mm lang, schwarzbraun, glänzend; zwei Generationen; Flugzeiten Ende Mai und Ende August); Einbohrlöcher im Stamm (Abb. FAW); Käfer auch an Pappel, Weide und Esche

VM: Welke durch Trockenheit; Triebsterben durch *Botryosphaeria quercuum* (vgl. Abb. 325); Aststerben durch *Nectria*-Pilze (vgl. Abb. 19)

BK: erkrankte Bäume roden; bei Neuanpflanzung resistente Sorten bevorzugen; Bekämpfung der Käfer durch Einsatz chemischer Mittel oder durch biologische Fangverfahren (z. B. Einsatz von Sexual- und Soziallockstoffen in besonderen Flugfallen); PSD-Beratung

b

c

d

Viburnum (Schneeball)

- **an Blättern, Knospen, Blüten**
- – chlorotische oder mosaikartige Scheckung, Linienmuster, Blattdeformation durch Virusinfektion (Luzernemosaikvirus, Gurkenmosaikvirus); Übertragung durch Blattläuse
- – weißlicher Überzug besonders blattoberseits oder weißlicher Pilzrasen blattunterseits durch Echte Mehltaupilze (*Microsphaera hedwigii*, *M. sparsa* bzw. *Phyllactinia guttata*): vgl. Abb. 102, 45
- – Blattfleckung durch verschiedene Pilzarten (z. B. *Phoma viburni*): Abb. 329
- – fahlgrüne Verfärbung, Blattvertrocknung, Milben und Spinnfäden durch Spinnmilben-Befall (*Eotetranychus*-Arten): vgl. Abb. 313
- – köpfchenförmige Beutelgalle blattoberseits mit behaarter Öffnung blattunterseits durch Gallmilben-Befall (*Eriophyes viburni*)
- – Braunfleckigkeit und Verkrüppelung der Blüten durch Saugschäden an Knospen nach Blattwanzen-Befall (*Lygus*-Arten)
- – Blattdeformation, Blattkräuselung durch Blattlaus-Befall, z. B. Schwarze Schneeballblattlaus (*Aphis viburni*): Kolonien braun; Schwarze Bohnenblattlaus (*Aphis fabae*): Kolonien schwarz, vgl. Abb. 85
- – Platzminen, später Blattrollen mit Raupen der Fliedermotte (*Gracillaria* [*Caloptilia*] *syringella*): vgl. Abb. 109, 293
- – Blattfraß durch Schmetterlingsraupen (z. B. Ligusterschwärmer: *Sphinx ligustri*)
- – Knospenfraß durch Dickmaulrüssler (*Otiorhynchus clavipes*)
- – Blattfraß durch Larven von Schneeballblattkäfer (*Pyrrhalta viburni*): Abb. 328

- **an Trieben, Ästen**
- – Triebwelke und Triebsterben durch Pilzinfektion, »Grauschimmel« (*Botrytis cinerea*): Abb. 331
- – Triebwelke, Absterbeerscheinungen an Ästen, braune Verfärbung auf dem Astquerschnitt durch Pilzinfektion (*Verticillium dahliae*): Abb. 330
- – längliche, hellgraue, diffuse Flecke ohne scharfen Rand durch Pilzinfektion (*Coniothyrium fuscidulum*): Bestimmung an Hand von Sporenmerkmalen
- – plötzliche Welke der gesamten Pflanze, von der Stammbasis aufsteigende Verbräunung unter der Rinde durch Pilzinfektion (*Phytophthora ramorum*); Differenzialdiagnose durch Fachmann

Abb. 328: Fraßschäden durch Schneeballblattkäfer (*Pyrrhalta viburni*)

EM: im Frühjahr Fensterfraß blattunterseits, dann siebartig durchlöcherte, skelettierte Blätter durch grünlichgelbe, dicke Larven mit dunkler Fleckung, 5 bis 6 mm lang (a); ab August gelbbraune, ca. 5 mm große Käfer (b), die sich bei Berührung zu Boden fallen lassen; nach Reifungsfraß im September/Oktober Eiablage an diesjährigen Trieben
VM: Fraßschäden durch andere Insekten (s. Übersicht)
BK: Triebe mit Eiern vor Schlupf entfernen

Abb. 329: Blattfleckung durch Pilzinfektion (*Phoma viburni*)

EM: rundliche bis buchtige, bis 1 cm große, braune Flecke; auch an Zweigen, die am Grund teilweise abgeschnürt werden
VM: andere Pilzarten (z. B. *Ascochyta lantanae, Cercospora opuli, Septoria viburni*); Differenzialdiagnose durch Fachleute
BK: schwer bekämpfbar; stark erkrankte Pflanzenteile entfernen

Abb. 330: Welke durch Pilzinfektion (*Verticillium dahliae*)

EM: plötzliche Welke und Absterben von Trieben und Ästen (a); auf Astquerschnitt bräunliche Verfärbung unter der Rinde im Gefäßbereich (b, unten)

VM: Triebsterben durch *Botrytis*-Fäule (Abb. 331); Welke durch *Phytophthora ramorum* (s. Übersicht)

BK: erkrankte Teile ausschneiden und verbrennen oder Pflanzen roden

Abb. 331: Triebsterben durch Grauschimmelinfektion (*Botrytis cinerea*)

EM: Welkwerden und Absterben von Trieben, Blättern und Blütenständen; auf befallenen Pflanzenteilen silbriggraues Myzel, vor allem bei anhaltend hoher Luftfeuchtigkeit

VM: *Verticillium*-Infektion (Abb. 330)

BK: befallene Triebe entfernen; keine weiteren Maßnahmen

Anschriften des Pflanzenschutzdienstes

Baden-Württemberg

Landesanstalt für Pflanzenschutz
70197 Stuttgart, Reinsburgstraße 107

Pflanzenschutzdienststellen der Regierungspräsidien

70565 Stuttgart, Ruppmannstr. 21
76131 Karlsruhe, Schlossplatz 1–3
79098 Freiburg, Bertoldstr. 43
72027 Tübingen, Konrad-Adenauer-Str. 20

Übergebietliche Pflanzenschutzberatung

76646 Bruchsal, Schönbornstr. 22–24
77654 Offenburg, Prinz-Eugen-Str. 2
88677 Markdorf, Am Stadtgraben 25

Bayern

Bayerische Landesanstalt für Bodenkultur und Pflanzenbau
Abt. Pflanzenschutz
85354 Freising, Vöttinger Str. 38

Berlin

Pflanzenschutzamt Berlin
12347 Berlin, Mohriner Allee 137

Brandenburg

Landesamt für Ernährung und Landwirtschaft
Pflanzenschutzdienst
15236 Frankfurt, Ringstr. 1010

Bremen

Der Senator für Frauen, Gesundheit, Jugend, Soziales und Umweltschutz
Pflanzenschutzdienst
28195 Bremen, Hanseatenhof 5

Hamburg

Institut für Angewandte Botanik
Abt. Pflanzenschutz
20355 Hamburg, Marseiller Str. 7

Hessen

Hessisches Landesamt für Regionalentwicklung und Landwirtschaft
Pflanzenschutzdienst
35578 Wetzlar, Schanzenfeldstr. 8

Mecklenburg-Vorpommern

Landespflanzenschutzamt Mecklenburg Vorpommern
18059 Rostock, Graf-Lippe-Str. 1

Niedersachsen

Landwirtschaftskammer Hannover
Pflanzenschutzamt
30453 Hannover, Wunstorfer Landstr. 9

Bezirksstellen

38122 Braunschweig, Helene-Künne-Allee 5
27432 Bremervörde, Albrecht-Thaer-Str. 6A
31582 Nienburg, Rühmkorffstr. 12
37154 Northeim, Teichstr. 9
29525 Uelzen, Wilhelm-Seedorf-Str. 3

Landwirtschaftskammer Weser-Ems
Pflanzenschutzamt
26121 Oldenburg, Sedanstr. 4

Bezirksstellen

26603 Aurich, Am Pferdemarkt 1
49661 Cloppenburg, Löninger Str. 68
49716 Meppen, Mühlenstr. 41
49082 Osnabrück, Am Schölerberg 7
26655 Westerstede, Am Röttgen 60

Nordrhein-Westfalen

Pflanzenschutzdienst der Landwirtschaftskammer Rheinland
53229 Bonn, Siebengebirgsstr. 200

Pflanzenschutzdienst der Landwirtschaftskammer Westfalen-Lippe
48147 Münster, Nevinghoff 40

Rheinland-Pfalz

Landesanstalt für Pflanzenbau und Pflanzenschutz
55128 Mainz, Essenheimer Str. 144

Saarland

Landwirtschaftskammer für das Saarland
Pflanzenschutzamt
66121 Saarbrücken, Lessingstr.12

Sachsen

Sächsische Landesanstalt für Landwirtschaft
Fachbereich Integrierter Pflanzenschutz
01307 Dresden, Stübelallee 2

Sachsen-Anhalt

Landesanstalt für Landwirtschaft und Gartenbau Sachsen-Anhalt
Sonderdezernat Pflanzenschutz
39128 Magdeburg, Silberbergweg 5

Ämter für Landwirtschaft und Flurneuordnung
Sachgebiet Pflanzenschutz

06844 Dessau, Ferdinand-von-Schill-Str. 24
38820 Halberstadt, Große Ringstr. 20
39576 Stendal, Akazienweg
06667 Weißenfels, Müllnerstr. 59
Schleswig-Holstein

Amt für ländliche Räume
Abteilung Pflanzenschutz

25813 Husum, Poggenburgstr. 10a
24118 Kiel, Westring 383
23558 Lübeck, Am Bahnhof 12 – 14

Thüringen

Thüringer Landesanstalt für Landwirtschaft Jena
Referat 440 - Pflanzenschutz
99189 Erfurt-Kühnhausen
Kühnhäuser Straße 101

Literatur

ALFORD, D.V.: Farbatlas der Schädlinge an Zierpflanzen. Ferdinand Enke Verlag, Stuttgart 1997.

BERGMANN, W.: Ernährungsstörungen bei Kulturpflanzen. 3. Aufl. Gustav Fischer Verlag, Stuttgart 1993.

BIOLOGISCHE BUNDESANSTALT FÜR LAND- UND FORSTWIRTSCHAFT, BRAUNSCHWEIG: Pflanzenschutzmittelverzeichnis 2002, Teil 2 (Gemüsebau, Obstbau, Zierpflanzenbau). Saphir Verlag Kramer, 50. Auflage, Ribbesbüttel 2002.

BRANDENBURGER, W.: Parasitische Pilze an Gefäßpflanzen in Europa. Gustav Fischer Verlag, Stuttgart 1985.

BRAUN, U.: The Powdery mildews (Erysiphales) of Europe. Gustav Fischer Verlag, Jena 1995.

BUHR, H.: Bestimmungstabellen der Gallen (Zoo- und Phytocecidien) an Pflanzen Mittel- und Nordeuropas. 2 Bde. Gustav Fischer Verlag, Jena 1964 und 1965.

BUTIN, H.: Krankheiten der Wald- und Parkbäume. Diagnose-Biologie-Bekämpfung. Georg Thieme Verlag, 3. Aufl., Stuttgart 1996.

DUJESIEFKEN, D. (HRSG.): Wundbehandlung an Bäumen. Bernhard Thalacker Verlag, Braunschweig 1995.

ELLIS, M.B., J. ELLIS: Microfungi on land plants. An identification handbook. Croom Helm, London und Sydney 1985.

ERHARDT, W., E. GÖTZ, N. BÖDEKER, S. SEYBOLD: Zander – Handwörterbuch der Pflanzennamen. Verlag Eugen Ulmer, 16. Aufl., Stuttgart 2000.

GÄRTNERS PFLANZENARZT. Zierpflanzen – Gehölze – Landschaftsbau. 13. neu bearbeitete Folge. Landwirtschaftsverlag GmbH, Münster-Hiltrup 1999.

HARTMANN,G., F. NIENHAUS, H. BUTIN: Farbatlas Waldschäden. Diagnose von Baumkrankheiten. Verlag Eugen Ulmer, 2. Aufl., Stuttgart 1995.

JOHNSTON, W.T., H.H. LYON: Insects that feed on trees and shrubs. Comstock Publ. Ass., Cornell Univ. Press, 2. Aufl., Ithaca und London 1991.

KLEINHEMPEL, H., K. NAUMANN, D. SPAAR (HRSG.): Bakterielle Erkrankungen der Kulturpflanzen. VEB Gustav Fischer Verlag, Jena 1989.

NIENHAUS, F., L. KIEWNICK: Pflanzenschutz bei Ziergehölzen. Verlag Eugen Ulmer, Stuttgart 1998.

SCHMIDT, G.: Die deutschen Namen wichtiger Arthropoden. Mitt. Biol. Bundesanst. Land- u. Forstwirtschaft, Berlin Dahlem, Heft 137, 1970.

SCHMID, O., S. HENGGELER: Biologischer Pflanzenschutz im Garten. Verlag Eugen Ulmer, Stuttgart 1990.

SCHWENKE, W.: Die Forstschädlinge Europas. 5. Bd. Paul Parey Verlag, Hamburg und Berlin 1972–1986.

SINCLAIR, W.A., H.H. LYON, W.T. JOHNSON: Diseases of trees and shrubs. Comstock Publ. Ass., Cornell Univ. Press, Ithaca und London 1986.

STRESEMANN, E.: Exkursionsfauna von Deutschland. Bd. 2, Wirbellose: Insekten. 9. Aufl., Spektrum Akad. Verlag GmbH, Heidelberg-Berlin, 2000.

WOESSNER, D.: Rosenkrankheiten. Verlag Eugen Ulmer, 4. Aufl., Stuttgart 2000.

Bildquellen

BLANK, R., Hardegsen: 79c.
BÖHMER, DR. B., Bonn: 195; 221b; 266a; 296a,b.
BUTIN, PROF. DR. H., Wolfenbüttel: 1; 2; 4a,b; 5a,b,c; 8; 9; 10; 11a,b,c; 12a; 13a; 14; 15a,b; 16; 17a,b,c,d; 18c; 19a,b,c; 22; 23; 26; 27a; 28a,b,c; 30a; 32a,b; 33a,b; 34; 35a,b,c,d; 36; 37; 38a,b,c; 39a; 40; 41a,b; 42; 44; 47; 49; 50; 51a; 52; 53a,b,c; 54a,b; 55; 56a; 58; 59a,b; 60; 64; 65c; 67; 70; 71; 75; 76; 79a,b; 80; 81; 83; 84; 85a; 88; 89; 90; 92a,b; 93; 94a,b,c; 95; 96; 97a,b; 98; 99; 100; 101; 102a,b; 103; 104; 106; 107; 108; 110a; 112a,b; 113a,b; 114; 115; 117a,b; 118; 120a,b,c; 121; 122a,b; 123a,b,c; 124a,b,c; 125a,b,c; 126; 128a,b; 132; 133a; 137; 138; 139; 141; 143a,b; 144; 145a,b,c; 146; 147; 148; 151; 152; 153; 154a,b,c; 155; 157b; 158a,b,c; 159a,b,c; 160; 162a,b,c; 163; 164a,b; 165a,b,c; 166; 167a; 168a,b; 170a,b; 171; 172; 173a,b,c; 174; 175a,b,c; 176a,b,c; 177a,b,c; 178; 179a,b; 180b,c; 181a,b,c; 183; 184; 185; 186b; 187; 189ab; 192a,b; 193; 194; 196a,b,c; 197a,b; 199; 200a,b,c; 201; 202a,b; 203a,b; 204a,b; 205a; 206; 207a,c,d; 211a,b; 212; 213; 214a,b,c; 215a; 225; 226; 227; 228; 229a,b; 230; 231a,b; 233; 235; 236; 237a,b; 238; 239; 240; 241; 242a,b; 244; 245; 249; 250; 255a,b; 256; 257a,b; 258; 259; 260; 262; 263; 264a,b,c; 265a,c; 266b; 267; 269; 270; 271a,b,c; 272; 273; 274; 277a,b; 278; 280; 281; 282; 283; 284; 287; 288; 289; 290; 291; 292; 293; 295a,c,d; 297; 298a; 300b; 301; 302a,b; 304; 305; 306; 307; 308; 310a,b,c; 311a,b,c,d; 312a,b; 317a,b; 318a,b,c; 319; 321; 322a,b; 323; 324; 325; 326a,b,c,d; 327a,b,d.
DALCHOW, DR. J., Sigmaringen: 53d; 66b; 161; 252b; 330b.
EIDGEN. FORSCHUNGSANSTALT WSL, Birmensdorf, Schweiz: 65a,b.
GRIMM, DR. J., DR. J. VOGELSÄNGER, Wädenswil, Schweiz: 77.
HAMACHER, DR. J., Bonn: 43; 74a,b; 279b.
INSTITUT FÜR PFLANZENKRANKHEITEN, Bonn: 116; 150; 169; 180a; 215b; 299.
KEHR, DR. R., Braunschweig: 13b; 21; 39b; 56b; 85b; 127; 204c; 205b; 265b; 285; 298b; 315; 316b; 327c.
KIEWNICK, DR. L., Meckenheim: 20; 328a,b.
LEH, DR. H. O., Berlin: 24; 25.
NIENHAUS, PROF. DR. F., Buschhoven: 18a; 29a,b; 31; 41c; 45; 46; 51b; 57; 61; 63; 66a; 68; 69; 72; 73; 78; 86; 87a,b; 91; 105; 119; 129; 130; 131; 135; 136; 140; 142; 186a; 190b; 198; 209a,b,c; 216; 217; 218a,b; 219; 221a; 223; 224; 232; 234; 243; 246; 247a,b,c; 248; 251; 252a; 253; 261a,b; 268; 276; 279a; 286; 294; 303; 309; 313; 314a,b; 316c; 329; 330a; 331.
PEHL, DR., L., Braunschweig: 27b,c; 167b.
RICHTER, DR., J., Stuttgart: 30b.
SCHRÖDER, W. O., Bornheim: 3; 6a,b; 7; 48; 62; 111; 133b; 134; 149; 182a,b,c,d; 190a; 191; 208a,b,c,d; 295b.
SCHRÖDER, DR. T., Braunschweig: 110b.
WULF, PROF. DR., A., Braunschweig: 12b; 18b; 109a,b; 156; 157a; 207b; 300a; 316a; 320a,b.
ZIMMERMANN, DR. G., Darmstadt: 210a,b,c.
ZUNKE, PROF. DR. U., Hamburg: 188; 220a,b; 222; 254a,b; 266c.

Register

Halbfett hervorgehobene Zahlen verweisen auf Abbildungen mit ausführlicher Beschreibung, normal gedruckte auf Kurzbeschreibungen ohne Abbildung

Gehölzgattungen

Deutsche Namen der Krankheiten, Krankheitserreger und Schädlinge

Wissenschaftliche Namen der Krankheitserreger und Schädlinge